教育部产学合作协同育人项目（项目编号：202002008010）

湖北省教育科学规划项目（项目编号：2017GB019）

武汉轻工大学教学研究重点项目（项目编号：XZ2020007）

湖北恩施腾龙洞大峡谷国家地质公园科普解说系统设计方案（项目编号：whpu-2019-cg-221）资助出版

地质公园旅游专题研究

罗　伟　鄢志武／著

吉林大学出版社

·长春·

图书在版编目（CIP）数据

地质公园旅游专题研究 / 罗伟, 鄢志武著. -- 长春:
吉林大学出版社, 2021.5
ISBN 978-7-5692-8350-1

Ⅰ. ①地… Ⅱ. ①罗… ②鄢… Ⅲ. ①地质—国家公
园—专题研究 Ⅳ. ①S759.93

中国版本图书馆CIP数据核字(2021)第100723号

书　　名：地质公园旅游专题研究
　　　　　DIZHI GONGYUAN LÜYOU ZHUANTI YANJIU

作　　者：罗　伟　鄢志武　著
策划编辑：李承章
责任编辑：周　鑫
责任校对：赵雪君
装帧设计：刘　丹
出版发行：吉林大学出版社
社　　址：长春市人民大街4059号
邮政编码：130021
发行电话：0431-89580028/29/21
网　　址：http://www.jlup.com.cn
电子邮箱：jdcbs@jlu.edu.cn
印　　刷：广东虎彩云印刷有限公司
开　　本：787mm×1092mm　　　1/16
印　　张：13
字　　数：220千字
版　　次：2021年5月　第1版
印　　次：2021年5月　第1次
书　　号：ISBN 978-7-5692-8350-1
定　　价：79.00元

内容简介

　　本书结合当前地质公园理论研究与实践发展的热点话题，从旅游的角度出发，较为系统地概述了地质公园的相关基础知识，并结合相关案例从地质旅游资源调查评价、地质公园旅游规划、地质公园科普旅游发展、国内外地质公园成功经验以及地质公园旅游资源评价、开发、保护和影响评估等具体阐述了地质公园旅游专题研究的相关内容。

　　本书内容覆盖面广，深入浅出，注重地质公园理论与建设实践、典型案例的有机结合，既可作为普通高等院校地质学、地理学、旅游管理等本专科生、研究生的课程教材，又可作为旅游地学与地质公园研究者及地质公园、旅游景区等行业从业人员的学习参考用书。

前　言

地质公园（Geopark）是指以具有特殊地质科学意义，稀有的自然属性、较高的美学观赏价值，具有一定规模和分布范围的地质遗迹景观为主体，并融合其他自然景观与人文景观而构成的一种独特的自然区域。我国十分重视地质公园的建设和发展，自2000年诞生第一批国家地质公园以来，我国地质公园创建工作走过了20周年，意义重大，值得纪念。截至2020年底，中国已有联合国教科文组织批准的世界地质公园41处，正式命名国家地质公园220处，授予国家地质公园资格56处，批准建立省级地质公园300余处，成为全球建立地质公园最多的国家。

我国地质公园的快速发展，凝结了老一辈地质学、地理学、旅游地学及相关学科学者的辛勤与汗水，"发展旅游地学学科，建设旅游地学专业"的呼声从未间断，一大批中青年学者沿着先行者的脚步纷纷涉足旅游地学与地质公园研究，呈现出百花齐放、百家争鸣的可喜局面。本书作者先后主持和参与了甘肃张掖丹霞地貌、甘肃碌曲则岔石林、宁夏灵武恐龙化石遗址以及湖北通山隐水洞、恩施腾龙洞大峡谷、京山空山洞、房县青峰山、竹溪十八里长峡、竹山武陵峡、保康尧治河、来凤百福司、京山太子山等十余个国家级、省级地质公园的申报、规划、建设和旅游开发等工作，通过将多学科理论方法运用于地质公园的建设和发展，开展了积极有益的探索和实践，进一步深化了旅游地学与地质公园研究。很欣慰地看到，在保护地质遗迹资源和生态环境的前提下，一大批地质公园通过发展旅游业，不仅带动了居民就业和当地经济的快速发展，而且改变了乡风村貌，有力地推动了贫困落后地区的旅游精准扶贫和乡村振兴。

本书结合当前地质公园理论研究与实践发展的热点话题，从旅游的角度出发，较为系统地概述了地质公园的相关基础知识，并结合相关案例从地质旅游资源调查评价、地质公园旅游规划、地质公园科普旅游发展、国内外地质公园成功经验以及地质公园旅游资源评价、开发、保护和影响评估等方面具体阐述了地质公园旅游专题研究的相关内容。本书第一、二、三、四、五章及附录由武汉轻工大学旅游管理系主任罗伟副教授编著，第六章由中国地质大学（武汉）旅游发展研究院副院长鄢志武教授编著，武汉轻工大学硕士研究生田瑶、魏侃利、靳梦婷、林雅慧、何海洋、徐妍婷等参与了文献资料的收集整理和全书文字的校对工作。

本书在编写过程中，力求反映地质公园理论研究与实践发展的最新理念、方法，参考了许多国内外的文献、书籍和互联网资料，吸收了国内外学者的最新研究成果，在此谨向各位专家、学者表示感谢。本书中的相关案例节选于作者主持和参与的相关地质公园科研项目，在此对所有参与项目工作的各地国土资源局、旅游部门工作人员以及中国地质科学院岩溶地质研究所韩道山高工、利川黑洞户外探险俱乐部何端镛队长、武汉工商学院环境设计系宋盈滨主任、张晓洪教授等协作单位参与人员表示衷心的感谢。本书的编写和出版也得到了武汉轻工大学、中国地质大学（武汉）和吉林大学出版社的大力支持与帮助，在此一并致谢。

地质公园旅游研究涉及多学科领域，相关理论和方法也在逐步完善之中，加之作者学识浅薄，时间仓促，本书难免不足和疏漏之处，敬请各位学界同仁和广大读者不吝赐教、批评指正，以便再版时修改和完善。

罗　伟

庚子鼠年冬于武汉

目　　录

第一章　地质公园旅游概述

第一节　地质遗迹与地质公园

一、地质公园的起源与背景

（一）世界地质公园的发展

1972年，"人类环境会议"在瑞典首都斯德哥尔摩召开，此次会议由联合国主持召开并在会上发布了《人类环境宣言》，世界环境保护的序幕由此拉开。同年UNESCO（联合国教科文组织）在巴黎召开了第17届大会，通过了《世界文化和自然遗产保护公约》。此次会议成立了"世界遗产委员会"，旨在推动各成员国将本领域内具有世界保护意义的地点纳入"世界遗产名录"，通过国际合作对其进行保护，此会议是全球性自然和文化遗产保护工作的重要标志。截至2019年7月10日，世界遗产总数达1121项，分布在世界167个国家，世界文化与自然双重遗产39项，世界自然遗产213项，世界文化遗产869项。中国拥有世界遗产55项，总数和意大利并列位居世界第一。

1989年，"全球地质及古生物遗址名录"计划在华盛顿成立，此计划是由UNESCO（联合国教科文组织）、IGCP（国际地质对比计划）、IUGS（国际地科联）及IUCN（国际自然保护联盟）联合发起，其目的是在世界遗产的候选名录中纳入地质遗址。1996年更名为"地质景点计划"。1997年，教科文组织提出的"促使各地具有特殊地质现象的景点形成全球性网络"计划正式获得联合国大会通过，即从各国（地区）推荐的地质遗产地中遴选出具有代表性、特殊性的地区纳入地质公园，其目的是使这些地区的社会、经济得到可持续发展。建立地质公园计划（UNESCO Geoparks）是联合国教科文组织在

1999年4月提出的，目标是在全球建立500个世界地质公园，其中每年计划建造20个，并确定中国为建立世界地质公园计划试点国之一。

2001年6月，联合国教科文组织执行局通过"联合国教科文组织支持其成员国提出的创建具有独特地质特征区域的自然公园（也称地质公园）"的特别动议。2002年1月，联合国教科文组织地球科学部再次提出建立世界地质公园网络的计划，并于2002年5月正式发布《世界地质公园网络工作指南》。2004年2月，经联合国教科文组织世界地质公园专家评审会审议通过，中国的黄山、五大连池、庐山、石林、丹霞山、云台山、张家界、嵩山等8家地质公园入选首批世界地质公园。2004年6月，联合国教科文组织与国土资源部联合在北京召开"第一届世界地质公园大会"，包括黄山在内的8个世界地质公园与欧洲17个世界地质公园共同发起创立世界地质公园网络（GGN），世界地质公园网络办公室设在中国北京。2015年11月，联合国教科文组织第38届大会批准"国际地球科学与地质公园计划（IGCP）"，世界地质公园正式成为"联合国教科文组织世界地质公园"。截至2020年9月，联合国教科文组织世界地质公园网络（GGN）共有161个成员，分布在全球44个国家和地区，其中中国拥有41个世界地质公园，居世界之首。

（二）国家地质公园的发展

地质遗迹是国家的宝贵财富，每个国家公民均有保护的权利及义务，中国是世界上地质遗迹资源最丰富、分布地域最广阔、种类最齐全的少数国家之一。国土资源部负责对地质公园实施监督管理。1984年之前该项工作只是作为其他类型自然保护区的部分保护内容；1984年以后，地质矿产部开始有计划地开展研究工作，组织制定规划及规章的编制，将该项工作纳入了正轨，并于1987年、1995年相继颁布了《关于建立地质自然保护区的规定》及《地质遗迹保护管理规定》。自1985年建立首个国家级地质自然保护区——"中上元古界地层剖面"（天津蓟州区）后，地质遗迹保护区的建立得到较快的发展。自成立以来，国土资源部组织了有关地质遗产管理措施的起草，并召开相关会议，促进地质遗迹保护与地质公园建设工作的进展。

地质矿产部于1987年7月印发了《关于建立地质自然保护区规定（试行）的通知》的文件，该通知对地质遗迹的保护正式作出了相关规定，并于1995

年5月出台《地质遗迹保护管理规定》，该规定提出保护地质遗迹的一种重要方式就是建立地质公园。随后，国土资源部于1999年12月召开了"全国地质地貌保护会议"，在会上部署了建设地质公园的相关工作，并于2000年8月成立了国家地质遗迹（地质公园）保护领导机构，"国家地质遗迹（地质公园）评审委员会"也从此建立。2000年9月，《关于申报国家地质公园的通知》由国土资源部正式印发，该通知对国家地质公园申请的程序、审查的标准、条件及要求、申报的材料等都进行了具体的规定。随后，国土资源部于2001年3月正式批准公布了全国首批11个国家地质公园，国家地质公园建设之路正式拉开序幕。2009年5月，国土资源部印发了《关于加强国家地质公园申报审批工作的通知》（国土资厅发〔2009〕50号），通知中明确提出开始对国家地质公园实行资格授予和批准命名分开审核的申报审批方式。

2018年3月，中共中央发布了《深化党和国家机构改革方案》，提议将地质公园等管理职能整合，组建国家林业和草原局。2018年5月，联合国教科文组织世界地质公园事务的中国官方机构变更为国家林业和草原局。《国家林业和草原局各司（局、室）职能配置、内设机构和人员编制规定》中明确规定，自然保护地管理司内设地质遗迹与地质公园管理处。截至2020年9月，国家林业和草原局及国土资源部已正式命名国家地质公园220处，授予国家地质公园资格57处，批准建立省级地质公园300余处，成为全球建立地质公园最多的国家。

二、地质遗迹的概念与类型

地质遗迹是指在地球演化的漫长地质历史长河中，由于内外力的共同地质作用而形成、发展并遗留下来的珍贵的且不可再生的地质自然遗产。地质遗迹是人类认识地质现象、推测地质环境和演变条件的重要依据，也是人们恢复地质历史的主要参数。

地质遗迹资源是不可再生的，破坏了就永远不可恢复，也就失去了研究地质作用过程和形成原因的原始资料。根据国土资源部印发的《国家地质公园规划编制技术要求》，地质遗迹可划分为7大类25类56个亚类（见表1-1）。

表1-1 地质遗迹类型划分表

大类	类	亚类
一、地质（体、层）剖面大类	1.地层剖面	（1）全球界线层型剖面（金钉子）
		（2）全国性标准剖面
		（3）区域性标准剖面
		（4）地方性标准剖面
	2.岩浆岩（体）剖面	（5）典型基、超基性岩体（剖面）
		（6）典型中性岩体（剖面）
		（7）典型酸性岩体（剖面）
		（8）典型碱性岩体（剖面）
	3.变质岩相剖面	（9）典型接触变质带剖面
		（10）典型热动力变质带剖面
		（11）典型混合岩化变质带剖面
		（12）典型高、超高压变质带剖面
	4.沉积岩相剖面	（13）典型沉积岩相剖面
二、地质构造大类	5.构造形迹	（14）全球（巨型）构造
		（15）区域（大型）构造
		（16）中小型构造
三、古生物大类	6.古人类	（17）古人类化石
		（18）古人类活动遗迹
	7.古动物	（19）古无脊椎动物
		（20）古脊椎动物
	8.古植物	（21）古植物
	9.古生物遗迹	（22）古生物活动遗迹
四、矿物与矿床大类	10.典型矿物产地	（23）典型矿物产地
	11.典型矿床	（24）典型金属矿床
		（25）典型非金属矿床
		（26）典型能源矿床

大类	类	亚类
五、地貌景观大类	12.岩石地貌景观	（27）花岗岩地貌景观
		（28）碎屑岩地貌景观
		（29）可溶岩地貌（喀斯特地貌）景观
		（30）黄土地貌景观
		（31）砂积地貌景观
	13.火山地貌景观	（32）火山机构地貌景观
		（33）火山熔岩地貌景观
		（34）火山碎屑堆积地貌景观
	14.冰川地貌景观	（35）冰川刨蚀地貌景观
		（36）冰川堆积地貌景观
		（37）冰缘地貌景观
	15.流水地貌景观	（38）流水侵蚀地貌景观
		（39）流水堆积地貌景观
	16.海蚀海积景观	（40）海蚀地貌景观
		（41）海积地貌景观
	17.构造地貌景观	（42）构造地貌景观
六、水体景观大类	18.泉水景观	（43）温（热）泉景观
		（44）冷泉景观
	19.湖沼景观	（45）湖泊景观
		（46）沼泽湿地景观
	20.河流景观	（47）风景河段
	21.瀑布景观	（48）瀑布景观
七、环境地质遗迹景观大类	22.地震遗迹景观	（49）古地震遗迹景观
		（50）近代地震遗迹景观
	23.陨石冲击遗迹景观	（51）陨石冲击遗迹景观
	24.地质灾害遗迹景观	（52）山体崩塌遗迹景观
		（53）滑坡遗迹景观
		（54）泥石流遗迹景观
		（55）地裂与地面沉降遗迹景观
	25.采矿遗迹景观	（56）采矿遗迹景观

三、地质公园的概念与类型

地质公园（Geopark）是指以具有特殊地质科学意义、稀有的自然属性、较高的美学观赏价值，具有一定规模和分布范围的地质遗迹景观为主体，并融合其他自然景观与人文景观而构成的一种独特的自然区域。它不仅为人们提供具有较高科学品位的观光旅游、度假休闲、保健疗养、文化娱乐的场所，而且是地质遗迹景观和生态环境的重点保护区，地质科学研究与推广的基地。

地质公园等级体系分为世界地质公园、国家地质公园、省级地质公园和市县级地质公园（国家地质公园及世界地质公园标志见图1-1）。世界地质公园由联合国教科文（UNESCO）组织评定，中国国家地质公园由国土资源部（现自然资源部）组织评定，省级、市县级地质公园则由各省国土资源厅（现自然资源厅）组织评定。我国从保护地质遗迹到建立地质公园一直与联合国教科文组织和国际地质科学联合会密切合作，是继美国建立世界上第一个国家公园———黄石国家公园之后，较早开发利用地质遗迹旅游资源的国家，而且是世界上第一个以政府名义正式命名设立国家地质公园（National Geopark）的国家。

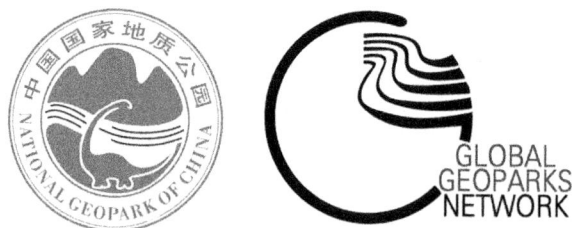

图1-1　国家地质公园及世界地质公园标志

截至2020年底，由联合国教科文组织世界遗产委员会确认的我国世界遗产总数达到55处，居世界第一（见表1-2）。其中，世界自然遗产（九寨沟、黄龙、武陵源、三江并流、大熊猫栖息地、三清山、中国南方喀斯特、中国丹霞等）、世界文化与自然双遗产（泰山、黄山、峨眉山—乐山大佛、武夷山等）和世界文化景观（庐山、五台山、西湖等）中的大部分景区是以地质遗迹景观为主体地位或涉及地质遗迹景观的内容，凸显了地质遗产在世界遗产体系中的重要位置。

表1-2 我国世界遗产名录

名称	地点	遗产类型	入选年份
泰山	山东泰安	自然与文化双遗产	1987年
长城	河北、北京、甘肃	文化遗产	1987年
明清皇家宫殿	北京东城区、辽宁沈阳	文化遗产	1987年（北京故宫） 2004年（沈阳故宫）
莫高窟	甘肃敦煌	文化遗产	1987年
秦始皇陵及兵马俑	陕西西安	文化遗产	1987年
周口店北京人遗址	北京房山区	文化遗产	1987年
黄山	安徽黄山市	自然与文化双遗产	1990年
九寨沟风景名胜区	四川九寨沟县	自然遗产	1992年
黄龙风景名胜区	四川松潘	自然遗产	1992年
武陵源风景名胜区	湖南张家界	自然遗产	1992年
承德避暑山庄及外八庙	河北承德	文化遗产	1994年
曲阜孔庙、孔林、孔府	山东曲阜	文化遗产	1994年
武当山古建筑群	湖北丹江口	文化遗产	1994年
拉萨布达拉宫历史建筑群	西藏拉萨	文化遗产	1994年（布达拉宫） 2000年（大昭寺） 2001年（罗布林卡）
庐山国家级风景名胜区	江西九江	文化遗产	1996年

续表

名称	地点	遗产类型	入选年份
峨眉山风景名胜区（含乐山大佛风景区）	四川峨眉山、乐山	自然与文化双遗产	1996年
丽江古城	云南丽江	文化遗产	1997年
平遥古城	山西平遥	文化遗产	1997年
苏州古典园林	江苏苏州	文化遗产	1997年（拙政园、留园、网师园、环秀山庄）2000年（沧浪亭、狮子林、艺圃、耦园、退思园）
北京皇家园林——颐和园	北京海淀区	文化遗产	1998年
北京皇家祭坛——天坛	北京东城区	文化遗产	1998年
大足石刻	重庆大足	文化遗产	1999年
武夷山	福建武夷山、江西铅山	自然与文化双遗产	1999年（武夷山）2017年（北武夷山）
青城山与都江堰	四川都江堰市	文化遗产	2000年
皖南古村落——西递、宏村	安徽黟县	文化遗产	2000年
龙门石窟	河南洛阳	文化遗产	2000年
明清皇家陵寝	湖北钟祥、河北遵化、河北易县、江苏南京、北京昌平区、辽宁沈阳、辽宁新宾	文化遗产	2000年（明显陵、清东陵、清西陵）2003年（明孝陵、明十三陵）2004年（盛京三陵）

续表

名称	地点	遗产类型	入选年份
云冈石窟	山西大同	文化遗产	2001年
云南三江并流保护区	云南丽江、迪庆藏族自治州、怒江傈僳族自治州	自然遗产	2003年
高句丽王城、王陵及贵族墓葬	吉林集安、辽宁桓仁	文化遗产	2004年
澳门历史城区	中国澳门	文化遗产	2005年
四川大熊猫栖息地	四川成都、阿坝、雅安、甘孜	自然遗产	2006年
殷墟	河南安阳	文化遗产	2006年
中国南方喀斯特	云南石林、贵州荔波、重庆武隆、广西阳朔、贵州施秉、重庆南川区、广西环江	自然遗产	2007年（云南石林、贵州荔波、重庆武隆）2014年（广西桂林、重庆金佛山、广西环江）
开平碉楼与村落	广东开平	文化遗产	2007年
福建土楼	福建龙岩、漳州	文化遗产	2008年
三清山国家级风景名胜区	江西上饶	自然遗产	2008年
五台山	山西五台	文化遗产	2009年
登封"天地之中"历史建筑群	河南登封	文化遗产	2010年
中国丹霞	福建泰宁、湖南新宁、广东仁化、江西贵溪、浙江江山、贵州赤水	自然遗产	2010年
杭州西湖文化景观	浙江杭州	文化遗产	2011年

续表

名称	地点	遗产类型	入选年份
元上都遗址	内蒙古正蓝旗	文化遗产	2012年
澄江化石地	云南澄江	自然遗产	2012年
新疆天山	新疆阿克苏、伊犁、巴音郭楞、昌吉	自然遗产	2013年
红河哈尼梯田文化景观	云南红河	文化遗产	2013年
大运河	北京、天津、河北、河南、山东、安徽、江苏、浙江	文化遗产	2014年
丝绸之路：长安—天山廊道的路网	中国、哈萨克斯坦、吉尔吉斯斯坦	文化遗产	2014年
土司遗址	湖南永顺、湖北咸丰、贵州遵义	文化遗产	2015年
左江花山岩画文化景观	广西崇左	文化遗产	2016年
湖北神农架	湖北神农架林区	自然遗产	2016年
青海可可西里	青海、西藏青藏高原	自然遗产	2017年
鼓浪屿：历史国际社区	福建厦门	文化遗产	2017年
梵净山	贵州铜仁	自然遗产	2018年
中国黄（渤）海候鸟栖息地（第一期）	江苏盐城	自然遗产	2019年
良渚古城遗址	浙江杭州	文化遗产	2019年

四、地质公园建设的意义

地质遗迹是地质公园所依赖的重要载体，被认为是21世纪重要的旅游资源。地质公园发展旅游业具有重要意义，无论是世界遗产，还是世界、国家和省级地质公园，都吸引了许多国内外游客前来观光旅游，促进了当地经济和社会的发展，地质公园旅游已成为旅游发展的重要增长点。

（一）有利于保护地质遗迹旅游资源

一方面，建立地质公园可以以建立法律规范、制度措施的形式加强对地质遗迹资源的管理，从而对地质遗迹进行保护；另一方面，建立地质公园可促进旅游业的发展，促进当地经济的发展和居民的就业，人们在生活水平提高的同时必然会提高保护意识，参与地质遗迹资源的保护。

（二）有利于发展旅游业振兴地方经济

地质遗迹是地球演变过程中形成并保留下来的，目前保存完整，仍处于自然原始状态的自然空间环境。无论是其地质地貌特征，还是地质地貌的形成机理等都是独具科学内涵的旅游资源，无疑会对游客产生强大的吸引力，在此基础上发展旅游业，必将带动当地食、住、行、游、购、娱等诸多相关产业的发展，进而推动地方经济的快速发展。

（三）有利于地学科考和公众科学知识普及

地质地貌遗迹揭示了远古时期的环境变迁、地球构造运动以及生物和人类活动等各种自然现象的规律性，地质遗迹的科学研究对于当今人类了解远古地球状况，改善未来的人类环境具有重要意义；同时地质科学知识的普及有利于公众了解自然，科学解释各种自然现象，对于崇尚科学、反对迷信的社会主义精神文明建设也具有重要意义。

（四）有利于地质遗迹资源永续利用

直到20世纪80年代末期，人们才逐渐注意到地质遗迹资源对发展旅游业的重要性。地质遗迹不仅具有观赏、游览和休闲价值，而且不需要移动位置，也不需要改变原有的面貌和性质，是可以持续利用的宝贵自然资源。矿产资源是不可再生资源，与它的消耗性利用相比，在保护前提下建立的地质公园，是对地质遗迹资源利用的最佳途径。

以河南焦作云台山世界地质公园为例，云台山于20世纪80年代开始论证开发，当时鲜为人知，进入21世纪，随着云台山国家地质公园和世界地质公园的建立，云台山旅游业发展迅速。2007年，云台山景区与美国大峡谷国家公园缔结为"姐妹公园"，成为我国继黄山之后第二个与美国国家公园建立官方合作关系的景区。如今的云台山拥有全球首批世界地质公园、全国文明风景旅游区、国家首批5A级旅游景区、国家自然遗产、国家文化产业示范基地等众多荣誉。云台山景区的主要客源市场已从过去半径300千米区域扩展到1500千米区域，省外游客达到90%，韩国、日本、东南亚、欧美等众多境外市场全面启动。以2009年为例，云台山景区就接待境内外游客326.55万人次，门票收入2.54亿元，分别是2000年的16.3倍和63.5倍，铸造了"云台山模式"，并以云台山旅游为主体成就了"焦作现象"，对促进焦作市社会经济发展发挥了巨大作用，也改变了焦作市以矿产资源为主体的产业格局，成为我国地质公园旅游发展的典型代表。近年来，云台山旅游持续快速发展，2019年"十一黄金周"，云台山共接待游客42万人次，客源市场覆盖河南、山东、北京、山西、河北、江苏、安徽、陕西等地，自驾游占85%以上。

第二节　地质地貌旅游景观审美

一、自然旅游景观审美概述

（一）自然景观审美的基本特征

在中国传统社会，"山川之美，古来共谈"，山水美就是代表"自然美""理想美"。因此，自然景观美既是产生旅游动机的主要原因，也是开展旅游审美活动的主要对象。在此基础上形成的旅游观光活动，成为一项集自然美、艺术美与社会生活美之大成的综合性审美实践活动。自然景观美的基本特征包括以下五个方面：

1.自然景观美具有客观实在性

自然景观是自然美最重要的组成部分，不仅包括单个自然物与自然现象的美，而且包括由多种自然物与自然现象所组成的自然风光美；不仅包括春光明媚、色彩柔和、奇花异草组成的、给人以赏心悦目的自然界的优美，而且包括乌云翻滚、雷鸣电闪、狂风暴雨、深渊绝壁所组成的自然界的壮美，还包括穷山恶水，绿瘦红残的凄美。大自然美是与社会美相对而言的，并与社会美共同组成现实美。因此，自然景观美具有客观实在性。

2. 自然景观美具有想象联想性

自然景观的色彩、色调，形状、形象等，往往可以触发人们进入特定的联想和想象空间，从而获得某种象征意义。比如，在对太阳审美时，不仅表现为对太阳光和热自然直接的感受产生的美学感受，而且还能把太阳想象成一个给人类带来光明和幸福之神。

又如，人们赞美荷花，不仅表现为其清新淡雅色彩色调的娱目悦心，而且还因为它"出淤泥而不染""中通外直，不蔓不枝"的自然属性，能使人们联想到人的高尚、正直的品格。傲雪怒放的红梅，既以它特有的色、香、形显示它自身固有的美学形式，也以它显示出人的精神、性格的美。这些联想既是自然的，也是人们在长期社会实践中逐渐形成的。

3. 自然景观美具有多重多样性

多重多样性源于自然事物在不同时空或审美主体的不同情态中具象的不确定性，同时也由于自然景观美所显示的美的单一形式，而是由多角度、多层次、多侧面等多重性所决定的。如从不同空间角度看，出现"横看成岭侧成峰，远近高低各不同"的美感客观。比如，不同审美主体或情态对月亮的审美，有时是花好月圆，象征美满；有时弯曲如钩，思乡愁情；在孩子们的眼中，则成为"弯弯的月儿，小小的船"，呈现儿童时期的趣味。

同样对荷花的审美，杨万里看到荷花的色彩："接天莲叶无穷碧，映日荷花别样红"；周敦颐看重荷花的气质："予独爱莲之出淤泥而不染，濯清涟而不妖"。甚至相同的自然景观客体，同时具有截然相反的美丑二重性，如对雨水的审美，在洪水灾区它是"恶魔"，在缺水地方它又是"甘露"。

4. 自然景观美具有感性形式性

自然景观美作为自然美范畴，通常偏重形式美，最突出的特点是以形式取胜。因为在大多数情况下，自然美的内容较更加隐晦、模糊、不确定，但其形式始终是具体、清晰、鲜明的。所以，自然景观常常以它的感性形式直接唤起人们的美感情绪，并给人留下难忘的印象。

如大自然生气勃勃的姿态、鲜艳夺目的色彩和悦耳动听的声音等展现出的形式美。自然景观美的形式美与美的内容没有必然或肯定的联系，比如"蟾蜍"捕捉害虫，且药用具有强心、镇痛、止血的功效，对人类是有益的，但在形式美的审美意义上，却当成了丑的典型。

5. 自然景观美具有社会普遍性

从自然美学本质上看，它与人类之间是一种自然关系，通常不受时代、民族和阶级的限制，但具有人类种群的主观色彩。如古今中外的人看到的庐山，都能感受到其本身所呈现出的美。因此，就自然景观美审美意义和美感文化来说，它更多地具有美感的社会普遍性。

（二）自然景观审美的价值

1. 自然景观美的形式价值

广义的自然景观形式美，是自然景观外在形式所具有的相对独立的审美特性，即具体美的形式。形式美，是指构成某个自然景观外在形式（如声音、色彩、形体等）以及它们的组合规律（如整齐、比例、对称、均衡、反复、节奏、多样的统一等）所呈现出来的审美特征。

形式美审美活动离不开眼睛和耳朵，它们是人类两种主要的审美感官，人们通过耳朵与眼睛，获取外部世界的声音、色彩、形体等三种自然属性呈现的"审美客体"的"外在形式"，以及获得某种感情意味的审美感受。自然景观美作为自然美范畴，表现出的形式美是自然景观观赏价值的核心基础，已逐渐成为人们生活的重要内容和生活方式。

2. 自然景观美的美育价值

其美育价值具体体现在以下三个方面：

首先，自然景观审美是人审美活动的重要形式和方式，在审美活动中，审美主体既依据自身个体价值观念和价值来判断和完善自己的价值合理性，也依据社会群体的价值观念和价值判断来修正群体的价值共性。

其次，自然景观审美既可以启发人们的自我认知，消除人们的自大和愚昧，比如"人定胜天"，又能够让人热爱生活，使生活充满情趣。

第三，自然景观的审美活动不仅可以给人们的审美发展提供一定的知识、营养和价值，也能满足他们社会心理发展和成熟的需要。

3.自然景观美的经济价值

自然景观审美活动是促进现代经济发展的一种重要形式。自然景观美既是成为旅游者赏心悦目"游览活动"的对象，也是旅游审美个体"人格塑造"的有效手段。而且，它的"美学意义"和"美感效能"，也成为旅游产业最丰富的"产业资源"和旅游产品最核心的"产品内质"。

（三）自然景观审美的意义

1.自然景观审美是激发爱国主义的一种基本形式

自然景观美属于自然美范围，与人类生活息息相关。通过自然景观看到祖国山河的壮丽，从而增强对祖国的自豪感。只有了解祖国才能热爱祖国，激发振兴祖国的热情。

方志敏在《可爱的中国》中热情洋溢地写道："至于说到中国自然风景的美丽，我可以说，不仅是雄巍的峨嵋，妩媚的西湖，幽雅的雁荡，'秀丽甲天下'的桂林山水，可以傲睨一世，令人称羡；其实中国是无地不美，到处皆景……这好象我们的母亲，她是一个天姿玉质的美人，她的身体的每一部分，都有令人爱慕之美。"

2.自然景观审美是人类终极关怀的一种独特形式

自然景观审美注重的是精神的自由性，注重人的内在文化修养和道德修养。它以超越物质功利审美和人类精神愉悦性形态，使人能够富有远见地把人类精神建设的主题放在人的内在人格的完善方面，放在个体对社会真善美理想的自觉的人格特征上。

同时，更重要的是，它与宗教终极关怀的审美指向不同，能给人生和人的精神以最大的慰藉，给人以自由和解放感。这既是个人生命和人生的要求，也是塑造人类文化创造主体的时代要求，从而成为人类终极关怀的独特形式。

3.自然景观审美是全面人格理想教育的一种补充形式

自然景观审美既是审美教育的重要形式，也是文化知识教育的补充形式。"读万卷书，行万里路"，历来是中国也是世界各国民众获得文化知识的基本手段。不仅以"人生阅历"的生命状态，揭示人生求知、求善、求美的

"学习历程"，而且以"唤醒感性，唤醒人性，陶冶人情"的情感修炼方式，通达"全面人格"的理想境界。朱光潜先生认为，美育是"把带有野蛮性的本能冲动和情感提到一个较高尚的、较纯洁的境界中去的活动。"（《朱光潜美学文集》）

二、典型地质旅游景观审美

（一）褶皱景观审美

当岩层受到地壳运动产生的强大挤压作用时，会发生弯曲变形，这就是褶皱。地壳发生褶皱隆起，常常形成山脉。世界许多高大的山脉，如喜马拉雅山、阿尔卑斯山、安第斯山等，都是褶皱山脉。褶皱有两种基本形态：背斜和向斜。背斜岩层通常向上拱起，向斜岩层一般向下弯曲。就地貌而言，背斜常成为山岭，向斜常成为谷地或盆地。然而，不少褶皱构造的背斜顶部因受张力，容易被侵蚀成谷地，而向斜槽部受到挤压，岩性坚硬不易被侵蚀，反而成为山岭。

此外，褶皱如果因断裂或其他原因而出现在岩层剖面上，会产生奇特的观赏价值。在剖面上，能看到坚硬的岩石被弯曲成不同的形态，有的呈波浪形、有的呈锯齿形，不禁让人感叹大自然的无穷魅力。如我国嵩山的褶皱构造，就成为地质旅游的重要景点，吸引了众多的国内外学者和游客。

图1-2 褶皱构造景观

（二）断层景观审美

地壳运动产生的强大压力或张力，超过了岩石所能承受的程度，岩体就会破裂。岩体发生破裂，并且沿断裂面两侧岩块有明显的错动、位移，就是断层。断层往往可以造成许多独特的自然景观，大的断层带常常形成巨大的裂谷或高耸的陡崖，如著名的东非大裂谷、非洲陡峭的断层海岸，我国华山北坡的大断崖、庐山的龙首崖、台湾东部的清水断崖等，都是断层构造形成的陡崖，共同的景观特点是悬崖峭壁。

伴随着断层，派生出许多断层地貌景观，断层上升一侧的岩块，常成为块状山、高地或"飞来峰"等，如我国的华山、庐山、泰山等；断层相对下沉的岩块，常形成谷地或低地，如东非大裂谷及我国的渭河平原、汾河谷地等；在断层构造带，由于岩石破碎，易受风化侵蚀，常常发育成断层沟谷、河流，河流一旦受到一组或几组交叉断层的控制，还可使河流发生"大拐弯"现象，如长江石鼓河段的"长江第一弯"；断层下陷，还可形成断层湖，如贝加尔湖、坦噶尼喀湖等，它们的最深处分别达1637米、1470米，这是其他类型湖泊所无法比拟的。

图1-3 断层构造景观

（三）节理景观审美

节理是没有使岩块发生明显位移的断裂构造，表现为岩石上有规律的、纵横交错的裂隙，节理是在石质山地中非常常见的一种地质构造形迹。垂直岩面上的节理有观赏价值，如黄山、太行贺兰山一些地区悬崖上的节理，斑驳陆离，显示出一种特有的自然纹理与质地，犹如巨幅山水素描，给人以质朴的自然美感。在垂直节理的控制和影响下，可侵蚀成悬崖峭壁或石峰奇观，如庐山的锦绣谷、黄山的奇峰怪石、张家界的砂岩峰林等。

节理构造还可造就一些奇特的自然景观，如玄武岩冷凝后形成的六方柱状节理，经过长期的侵蚀，在地表形成一个个的六方形玄武岩石柱群，如南京六合方山和福建澄海牛首山等地的玄武岩石柱群，虽由天成，宛若人造，让人不禁惊叹大自然的神奇力量。

图1-4　节理构造景观

（四）地层剖面景观审美

地层是地壳发展过程中形成的各种成层岩石的总称。在地球表面，由于地壳运动，一些地方会产生巨大的断裂抬升，或者河流在断裂带强烈侵蚀下切，形成许多地层剖面。这些剖面上，岩层层面清晰，排列有序，化石保存良好，犹如展开的巨型地质"书页"，是研究生物演化、地质环境变迁、地球发展历史的重要场所，具有非常高的科学考察价值。同时，也是普及地质知识的理想场所和最直观的"教科书"。现在，许多国家已将其转变为主题地质公园或国家公园供地质学家、地理学家作科学考察，并作为供游客参观的场所。

我国幅员辽阔，地层出露较全，形成了较丰富的地层剖面景观。如陕西省洛川黑木沟国家地质公园内，现存有世界闻名的第四纪黄土典型地层剖面，剖面垂直发育良好，黄土及古土壤系列结构变化清晰，连续性好，剖面上地层完全裸露且富含古生物化石，比较适合进行磁性地层学研究，是不可多得的第四纪沉积及古气候变迁科普教育的旅游景观。云南晋宁梅树村剖面，是反映全球前寒武系到寒武系界线的层型剖面。这个剖面含腹足类、腕足类、软舌螺等动物化石和足迹化石，已发现5万多件标本，共含100多种、40个门类的动物化石，为研究5.3亿年以前地球历史和生物演化提供了重要依据。

图1-5　地层剖面景观

（五）化石景观审美

化石是指保存在地层中的地质时期的古生物遗体、遗物和遗迹。化石通常可分三类：古植物化石、古动物化石和古生物遗迹。科学家们正是通过化石这一特殊的载体来解读地层的年龄，探究地球的历史，破解地球生命诞生、演变、发展的进程和奥秘。

化石除了具有科学研究价值和科普教育价值外，还具有观赏性，一些化石较为集中的地方和重要的古生物遗址，成为重要的自然旅游景观。如四川省自贡的恐龙化石早就蜚声海内外。自贡大山铺的恐龙化石点，是一个以恐龙为主的古脊椎动物群栖的地方。这里的化石层厚达4米，化石富集区面积达17000平方米，埋藏集中，种属多，保存完好，是侏罗纪时期最具代表性的恐龙化石群，有陆生、水生、两栖和空中飞行的古脊椎动物，包括大型长颈椎蜥、短颈椎蜥角龙、凶猛的肉食性恐龙以及比较原始的剑龙等。1986年自贡建立了专门的恐龙博物馆，供游客和科学工作者观赏、研究。

图1-6 恐龙化石遗址

（六）地质灾害景观审美

地质灾害景观是指包括由于地震、海啸或人为原因等引起的崩塌、滑坡、泥石流、地裂缝等。在漫长的地质历史与人类历史过程中发生过大量的地质灾害，给自然界和人类带来了非常大的灾难，但同时也遗存下许多具有特殊旅游观光与科学考察价值的地质灾害遗迹景观。例如有"童话世界"之称的九寨沟就是崩塌、滑坡、泥石流、堰塞湖等地质灾害的产物；又如我国长江三峡新滩镇大滑坡体、链子崖山崩危岩体、唐山和汶川地震遗迹等皆是地质灾害的产物。

对地质灾害景观的审美鉴赏，一方面要关注它所造就的独具特色的地质景观的形态美，是大自然的产物，无一雷同，创造了一个多元化的世界；同时也需要关注它所带给人们的启示与深思，比如如何防灾减灾，如何教育后人铭记历史和人们抗击灾害、一方有难八方支援的精神美，当然也蕴含了如何保护环境促进人与自然和谐发展的理性思考与认识。

图1-7　汶川地震灾害遗址

三、典型地貌旅游景观审美

（一）岩溶地貌景观审美

岩溶地貌景观通常又称喀斯特地貌景观，喀斯特（Karst）最初是南斯拉夫西北部的一个石灰岩高原名称，那里发育着各种石灰岩地貌，故称喀斯特地貌。岩溶地貌景观可以分为地表岩溶地貌和地下岩溶地貌两类。

地表岩溶地貌景观中最能吸引游客、具有观赏价值的包括峰丛、峰林、孤峰、天生桥、漏斗和石芽（石林）等。其中峰丛、峰林是石灰岩遭受强烈溶蚀后形成的山峰集合体，峰丛在峰的上部分离、下部相连成基座，而峰林则底部也分离开来，彼此独立。桂林阳朔是我国峰林、峰丛发育的典型地区，向来就有"桂林山水甲天下，阳朔山水甲桂林"之说。

石林是地表水沿可溶性岩石的裂隙进行溶蚀、侵蚀，使岩石表面形成沟槽称为溶沟，沟间突起部分称之为石芽。我国最典型的要数云南的路南石林，远远望去犹如一片拔地而起、直刺青天的莽莽森林，岩柱雄伟高大、排列密集、分布地域广阔，居世界石林之首，被誉为"天下第一奇观"。

地下岩溶地貌景观以溶洞、地下河景观为主，其中旅游价值和审美意义最大的为溶洞。溶洞是地下水沿可溶岩层的层面、节理或裂隙进行溶蚀扩大而成的洞穴。溶洞美的特征集中表现为"奇美"，可谓变化莫测、奥妙无穷。一是多变空间美，二是洞壁造型美，三是水石交融美，四是洞天音乐美。

我国溶洞众多，湖南张家界的黄龙洞是我国目前溶洞形态最全、造型极为奇特的著名洞穴之一，湖北恩施土家族苗族自治州境内利川市的腾龙洞洞口高74米、宽64米，直升机可自由穿行。洞内钟乳石景观是游客青睐的审美对象，如石笋、石柱、石幔、石旗、石管、石葡萄、仙人田等，配以五彩缤纷的灯光点缀，如梦如幻，仿佛进入了瑶琳仙境。

图1-8　利川腾龙洞岩溶洞穴景观

（二）丹霞地貌景观审美

丹霞地貌通常是指红色砂岩、砾岩在垂直节理控制下，经长期风化剥离和流水侵蚀发育而成的各种奇峰怪石的总称。主要发育于侏罗纪至第三纪的水平或倾斜的红色地层中，以我国广东省仁化丹霞山最为典型。仁化丹霞山是由红色岩系构成的低山区，由于这一岩系中的大部分岩石是厚层的砂岩和砾岩，因此它的地貌与众不同。在这里，崖壁是赤红色的，树林是青绿色的，呈现特殊美景，加上夕阳西照，丹崖更显赤红、艳丽，似天边的一片红霞降落人间，因此人们称它为丹霞山。人们将此类地貌类型，称之为丹霞地貌。

典型的丹霞地貌有"顶平、身陡、麓缓"地貌景观特征。丹霞地貌的美既表现在它的色彩和形态上，还表现在它与文化的紧密关系上。由于丹霞地貌奇险深邃，高耸难攀，所以人们常会感到"此身在红尘，到此生隐心"，这正是宗教修行所需要的氛围，所以丹霞地貌地区往往会成为宗教名山，比如麦积山、丹霞山、冠豸山是佛教名山，龙虎山、青城山、齐云山是道教名山。中国北方也有很多典型的丹霞地貌景观，比如甘肃张掖地区的丹霞地貌景观，是我国西北干旱半干旱地区丹霞地貌的典型代表。

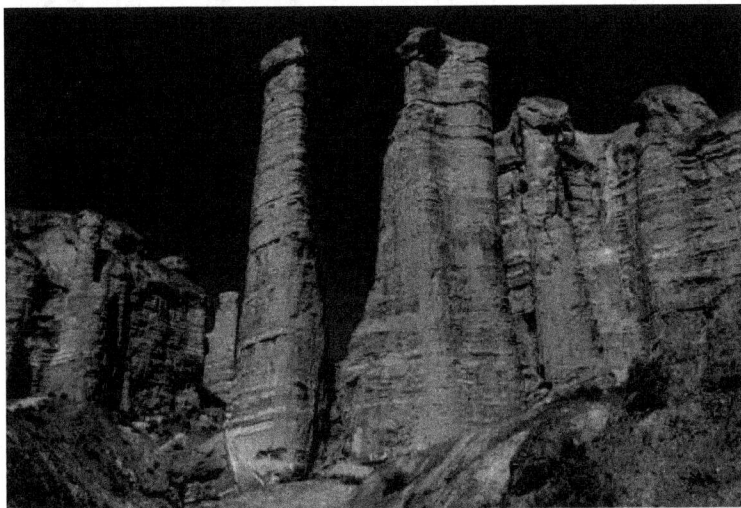

图1-9　张掖丹霞地貌景观

（三）雅丹地貌景观审美

"雅丹"在维吾尔语中意为"险峻的小土丘"。雅丹地貌一般发育在干旱地区的湖积平原上，由于湖水干涸，黏性土因干缩而产生龟裂，经强烈的定向风吹蚀而形成的一系列平行的鳍形的"垄脊"、宽浅不一的"沟槽"，并沿着盛行风向延伸的奇特景观。长数十米到数百米，深可达10米。雅丹地区多是一些形状奇异、大小不等、排列有序的土阜、土丘。土丘又干又硬，古怪嶙峋，姿态万千。每当云影飘过，或细风撩起轻沙，土阜、土丘似乎缓缓漂移，宛如巨船起航，给人以无限遐想。

中国柴达木盆地西部的雅丹地貌群具有世界上延伸最长的雅丹地貌群。中国雅丹地貌面积约2万平方千米，主要分布在青海柴达木盆地西北部、玉门关西疏勒河中下游，新疆准噶尔盆地西部的乌尔禾、东部的将军庙，吐哈盆地的五堡、十三间房，塔里木盆地东缘的罗布泊北部、楼兰古城，北缘的拜城县克孜尔魔鬼城等地。

图1-10　雅丹地貌景观

（四）黄土地貌景观审美

中国是世界上最早研究黄土地貌的国家。黄土是第四纪时期形成的陆相淡黄色粉砂质土状堆积物。黄土地貌在形态上主要有塬、梁、峁、沟，以及黄土柱、坪、碟，墙、洞、穴等地貌景观。典型的黄土地貌有以下特征：一是沟谷众多、地面破碎，中国黄土高原素有"千沟万壑"之称，多数地区的沟谷密度在3～5千米/平方千米以上，沟谷下切深度为 50～100米。二是侵蚀方式独特，黄土地貌的侵蚀外营力有水力、风力、重力和人为作用。它们作用于黄土地面的方式有面状侵蚀、沟蚀、潜蚀、泥流、块体运动和挖掘、运移土体等。三是沟道流域内多级地形面，一般有三级，黄土地貌的层状结构是黄土地貌发育历史过程的记录。

黄土地貌的美学特征更多地取决于其本身的地貌特征，各种地貌构景要素组合千变万化，由远及近，由宏观到微观，景观变化强烈。与此同时，一些独特的风土人情也与黄土高原组合在一起，展示出浓郁的黄土文化，体现出黄土高原人文和地貌景观的组合美与和谐美。黄土高原特殊的黄土梁、黄土峁等地形，水土流失造成的千沟万壑，各式的黄土地层以及形态各异的黄土桥、黄土柱、黄土塔等天然形成的景观，不仅具有很好的观赏价值而且也吸引着众多科学工作者前来考察和研究，深刻地体现了黄土高原的科学价值。如陕西洛川黄土国家地质公园、陕西延川黄河蛇曲国家地质公园可以欣赏到壮观的黄土梁、峁、丘陵、沟壑等地貌景观。

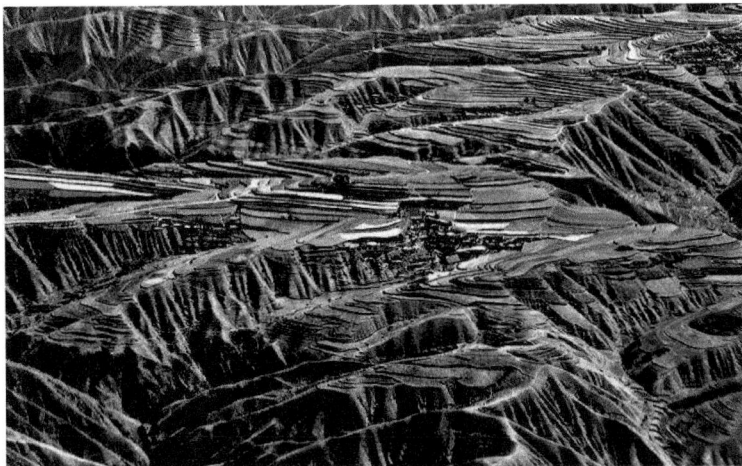

图1-11 黄土地貌景观

（五）风沙地貌景观审美

风沙地貌是指在风力对地表物质的侵蚀、搬运和堆积过程中所形成的地貌，也称风成地貌，包括风蚀地貌和风积地貌两大类。在柴达木盆地西北部，风蚀地貌广泛分布风蚀残丘和风蚀洼地形式，以冷湖一带最为典型。垄岗之间为风蚀洼地，还有风蚀谷、雅丹、风城、风蚀蘑菇等地貌分布。风积地貌通常指风力作用堆积而成的各种沙丘和沙堆的总称，广泛分布于柴达木盆地南部和东部、青海湖东岸、共和盆地、哈拉湖盆地以及青南高原的中部和西部，主要有新月形沙丘和沙丘链、格状沙丘和格状沙丘链、沙垄、沙堆等。

沙漠通常给人的感受是荒芜而缺少生机，但是，看过沙漠或在沙漠中穿行过的人会觉得沙漠有震撼人心的美，一种壮美、一种凄美。而文人对沙漠的观察与体验，则看到沙漠另一种美丽与浪漫。余秋雨在《文化苦旅》中对沙漠有以下描写："夕阳下的绵绵沙山是无与伦比的天下美景。光与影以最畅直的线条流泻着分割，金黄和黛赭都纯净得毫无斑驳，像用一面巨大的筛子筛过了。日夜的风，把山脊、山坡塑成波荡，那是极其款曼平适的波，不含一丝涟纹。于是，满眼皆是畅快，一天一地都被铺排得大大方方、明明净净。色彩单纯到了圣洁，气韵委和到了崇高。"

　　绿洲是沙漠中水源丰富可供灌溉农作物的地方，绿洲与沙漠是相伴而生的，赋予沙漠另一种生机和韵味。甘肃敦煌的鸣沙山月牙泉，沙泉共处，妙造天成。鸣沙山人乘沙流，有鼓角之声，轻若丝竹，重若雷鸣。月牙泉处于鸣沙山环抱之中，其形酷似一弯新月，水质甘冽，澄清如镜，沙不进泉，水不浊涸，共同造就了"沙岭晴鸣，月泉晓澈"的敦煌八景之一。

图1-12　风沙地貌景观

（六）火山地貌景观审美

　　火山主要是由于地球内部处于高温和高压的状态，当上覆岩层发生破裂或地壳背斜褶皱升起时，地下的炽热岩浆通常沿地层的破裂面或背斜轴部喷出地表而形成。火山一般由火山锥、火山口和火山喉管3部分组成。火山锥指火山喷出物在火山口附近所堆积成的锥状山体。火山口是火山锥顶部喷发地下高温气体和固体物质的出口，平面呈近圆形，大部分火山口是一个漏斗形体，坑口常能积水成湖，成为火山口湖（或称天池），如中国东北长白山上的天池。火山喉管是火山作用时岩浆喷出地表的通道，又称火山通道。火山喉管中的火山碎屑物和残留岩浆冷却后，凝结在火山管道内成为近于直立的圆柱状岩体。

　　火山地貌的美，首先体现在火山锥"苍劲、刚折、挺拔、环回"的主轮廓线阳刚之美，具有多棱、多角、多面、多变的特征；其次体现在火山口湖青山碧水巧妙结合的刚柔相济美，恰似颗颗明珠镶嵌在青山绿树之间；第三体现在具有几何形空间的形式美和力量美，火山锥起落有致，熔岩巨石气势磅礴；四是体现在奇峰怪石变幻造型的变幻美、遐想美，如雁荡山素有"变幻造型地貌博物馆"之美称，"灵峰"神奇变幻，造型逼真，拟人拟物，令人遐想；五是体现在没有人工矫饰、雕琢的原始风光美，如长白山天池山奇、石秀、湖幽、瀑壮、林海茫茫，没有人工矫饰、雕琢的痕迹，给人们回归自然、领略原始风光美，留下一片乐土。

图1-13　火山地貌景观

第三节　国家地质公园申报与审批

一、国家地质公园申报

（一）申报条件

拟申报国家地质公园内的地质遗迹必须具有国家级代表性，在全国乃至国际上具有独特的科学价值、普及教育价值和美学观赏价值。

1. 地质遗迹资源具有典型性。能为一个大区域乃至全球地质演化过程中的某一重大地质历史事件或演化阶段提供重要地质证据的地质遗迹；具有国际或国内大区域地层（构造）对比意义的典型剖面、化石产地及具有国际或国内典型地学意义的地质地貌景观或现象；国内乃至国际罕见的地质遗迹。

2. 地质遗迹资源具有一定数量、规模和科普教育价值，其中达到典型性要求的国家级地质遗迹不少于3处，可供科普和教育实践的地质遗迹不少于20处。

3. 地质遗迹资源具有重要美学观赏价值，对广大游客有较强的吸引力，公园建成后，能够促进当地旅游业发展，促进地方社会经济可持续发展。

4. 地质遗迹资源已得到有效的保护，正在进行或规划进行的与当地社会经济发展相关的大型交通、水利、采矿等工程不会对地质遗迹造成破坏。

5. 已批准建立省（区、市）级地质公园2年以上并已揭碑开园。

6. 符合上述1～4条标准，由国家有关主管部门批准的国家级风景名胜区、国家级自然保护区、国家森林公园等。

（二）申报单位

拟申报国家地质公园的，由公园所在地县（市、区）人民政府提出申请；跨县（市、区）的由同属市（地、州）人民政府提出申请；跨市（地、州）的由同属省（区、市）人民政府提出申请；跨省（区、市）的由相关省（区、市）人民政府共同提出申请。

（三）省级推荐

省级林业和草原主管部门负责对本辖区拟申报国家地质公园的单位进行初审，确定推荐名单并按照规定向国家林业和草原局报送申报材料。

每个省（区、市）每次推荐原则上不能超过2个国家地质公园候选地。

（四）申报时间

国家地质公园采取定期申报的方式，原则上每2年申报一次，具体时间以国家林业和草原局公告为准。

（五）申报材料

申报国家地质公园须提交如下材料：

1.《国家地质公园申报书》；

2.《国家地质公园综合考察报告》；

3. 地质公园申报画册；

4. 地质公园申报影视片；

5. 提出申请的县级以上人民政府承诺书；

6. 省级林业和草原主管部门推荐意见。

（六）合规性审查

国家林业和草原局自然保护地管理司负责对申报材料等进行合规性审查，符合申报条件的提交评审委员会进入评审程序，不符合条件或申报超过数量的退回。

二、国家地质公园审批

国家地质公园审批分为评审、建设、批准三个阶段。

（一）评审阶段

国家地质公园评审由国家级自然公园评审委员会（以下简称"评审委员会"）组织进行。

评审委员会成员通过审阅申报材料、观看申报影视片、听取申报单位陈述及公园所在地政府负责人承诺发言，对每个申报公园记名打分，并提出"同意申报为国家地质公园"或"不同意成为国家地质公园"的评审意见。评审委员会根据得分结果提出拟授予国家地质公园资格名单（按得分排序），并向国家地质遗迹保护（地质公园）领导小组（简称"领导小组"）提交评审报告。

领导小组召开会议对评审委员会提交的评审报告进行审核，最终决定是否授予国家地质公园资格。

（二）建设阶段

在取得国家地质公园资格后3年内，地质公园应当编制《国家地质公园总体规划》，并按《中国国家地质公园建设工作指南》和规划要求，按期完成地质公园的建设。

对未按期建成的单位，其国家地质公园资格将被取消。

跨县（市、区）的国家地质公园应建立由同属市（地、州）人民政府批准的统一管理机构；跨市（地、州）的国家地质公园应建立由同属省（区、市）人民政府批准的统一管理机构；跨省（区、市）的国家地质公园应建立省际联系机构。

（三）批准阶段

1. 地质公园建设完成后，由省级林业和草原主管部门组织专家进行实地审查验收，达到标准后，向国家林业和草原局提出批复申请；国家林业和草原局接到申请后委派专家组进行实地复核，并根据专家组考察意见决定是否正式授予国家地质公园称号。

2. 申请批复国家地质公园时应提交以下材料：

（1）国家地质公园建设工作报告；

（2）国家地质公园总体规划；

（3）省级林业和草原主管部门审查验收意见。

3. 公园所在地人民政府政府负责举行地质公园揭碑开园仪式。

三、国家地质公园主要申报材料

（一）地质公园申报书

地质公园申报书应概要反映地质公园的全貌和特点，记录地质公园创建和论证过程，明确近期规划主要事项，同时表达申报单位的意愿和为地质公园建设作出的郑重承诺。申报书须包含以下主要内容：

1. 地质公园基本情况：具体包含申报地质公园名称、类型、行政区属、地理坐标、总面积及主要地质遗迹分布面积、独立园区数量、省级地质公园批准情况、现有地质公园管理机构情况及申报地质公园内矿产资源权属情况等。

2. 地质遗迹景观资源概述：阐明公园地质特征，主要地质遗迹景观资源类型及等级评价，列出世界级和国家级等重要遗迹名录，并注明具有科普教育价值的20处地质遗迹名录。

3. 地质遗迹景观资源保护现状：说明地质遗迹的主要影响因素、保护现状及保护措施。

4. 自然环境及人文景观资源状况概述：主要包括自然条件和自然资源概况、现存和潜在的环境问题；当地历史、文化、宗教、民俗等内容。

5. 科学研究概况：主要包括公园地学科研史，已完成的科研项目名称及成果、正在进行的科研项目名称、科研计划及国际合作交流计划等内容。

6. 建立国家级地质公园的综合价值概述：阐明申报公园主要理由及公园建立后产生的经济、社会、环境效益及对当地社会可持续发展的重要意义。

7. 地质公园及周围地区社会经济状况：①人口数量分布、密度、民族状况、历史和文化特点；②当地经济结构、生产布局、人均产值和经济发展趋势；③土地与其他资源的开发及地质公园土地权属情况；④与当地政府及群众的关系以及现存社会问题；⑤主要社会、经济活动对保护对象可能造成的影响及其保护措施。

8. 地质公园建设现状概述：主要说明省级地质公园建成以后已有地质博物馆、影视厅、标示解说系统、办公处所、游客中心、道路交通等基础设施，信息化建设、科普教育推广活动等。

9. 地质公园发展建设方案：着重说明公园下一步的保护措施、管理方式、工作设想及资金筹措初步计划等。

10. 地质公园扶贫效果：主要说明所处扶贫地区，地质公园建设对助推当地脱贫攻坚的预期效果。

11. 地质公园与其他自然保护地关系：拟申报国家地质公园范围内是否存在已批准的自然保护区、国家级风景名胜区、国家森林公园、世界遗产等的情况，并说明批准部门、批准时间，及它们与地质公园的范围关系等。

12. 提出申请的县级以上人民政府承诺书：主要说明获得国家地质公园资格后，地方人民政府在地质公园机构建设、人员配备、资金投入等方面的计划安排。

13. 省级林业和草原主管部门组织的专家论证意见。

14. 省（直辖市、自治区）林业和草原主管部门审查意见。

15. 国家级自然公园评审委员会意见。

（二）地质公园综合考察报告

地质公园综合考察报告应比较详细地反映地质公园的基本概况、科学意义、地理及区域地质背景、景观资源调查与评估、地质遗迹景观资源保护等，并初步制定地质公园规划大纲。综合考察报告须包含以下主要内容：

1. 基本概况：包括公园名称与类型、地理位置（行政区域、经纬坐标范围及海拔范围）、公园面积（包括公园总面积，各园区的名称及面积，并附表分别列出主要拐点坐标）、公园建设史（阐述公园的申报、建设过程，包括省级公园开园情况）、公园管理机构现状（机构名称、分支机构设置情况、人员编制、办公处所、通讯联络方式等）、同已有地质公园和其他保护地的关系（周边地质公园分布情况，与最近地质公园的距离；与内部及周边其他类型的保护地的关系情况等）、公园接待游人概况（近3年来公园接待普通游客、科学考察、院校师生到园区实习以及经济收入等情况）。

2. 科学意义：包括地质公园的地学意义（包括地层学、岩石学、矿物学、经济地质学、构造地质学、古生物学、地貌学、火山地质学、变质地质学、第四纪地质学、冰川地质学、岩溶地质学、工程地质学、水文地质学、环境地质学、自然地理学、沉积学、土壤学及其他分支学科，可依据实际情况将公园主要地质遗迹所涉及学科的重要意义综述即可）、地质公园自然及人文历史意义（包括公园的人文历史价值、生态学价值及旅游价值等）、比较分析（主要指本公园的资源内涵在区域、全国、国际上与同类公园相比具有的独特之处）等。

3. 地理概况：包括自然地理概况（包括山系、流域、地貌区划单元、气候、植被、动物、水文、土壤等概况）、人文历史概况（包括人口、民族、历史沿革、主要历史事件等）。

4. 区域地质概况：包括地层、构造、岩浆活动、矿产及地质发展演化史等。

5. 景观资源调查与评价：包括地质遗迹景观资源特征与类型、地质遗迹景观资源的空间分布与形成演化过程及成景时期分析、地质遗迹景观资源的评价及等级划分、主要动植物景观资源、主要人文景观资源概述及其它景观资源概述。

6. 资源保护：包括资源保护综述（历史、现状及存在问题，如涉及矿权、工程、自然变化等潜在威胁）、地质遗迹景观资源保护区划分（要划分出保护区的级别及其精确边界坐标（指主要拐点））、地质遗迹景观资源保护现状及今后计划（包括受保护的地质遗迹景观名录及保护措施与方案等）、珍稀动植物资源保护现状及今后计划（要列出国家一级及二级保护动植物名录及保护措施）、人文景观资源保护现状及今后计划（名录及保护方案）、生态环境保护（要确定公园游客及环境容量，提出生态环境保护内容及保护措施）以及自然灾害防治（查明公园易发地质灾害及其他危及游客安全的事故隐患，提出预防及治理措施）。

7. 地质公园规划大纲：包括地质公园范围、地质公园总体发展目标、地质公园主要设施建设计划、地质公园建设保障措施（包括管理机构设置、人员配备、经费筹措等）。

8. 主要附图：包括地质公园位置与交通图、遥感卫星影像图、地质图、景观资源分布图（包括地质、自然、人文等景观资源）、地质遗迹景观资源保护图及地质公园规划纲要图。

第四节　地质公园发展及其启示

一、地质公园的发展现状

地质公园是以其地质科学意义、珍奇秀丽和独特的地质景观为主，融合自然景观与人文景观的自然公园。世界地质公园由联合国教科文组织选出，该计划在2000年之后开始推行，目标是选出超过500个值得保存的地质景观加强保护。

联合国教科文组织针对世界地质公园提出了六条定义：（1）这些遗址彼此联系并受公园式的正式管理及保护，制定了官方的保证区域社会经济可持续发展的规划；（2）边界清晰，面积足够大，可以为当地的经济发展服务。由一系列具特殊科学意义、稀有性和美学价值的地质遗址组成，还可能具有考古、生态学、历史或文化价值；（3）支持文化、环境可持续发展的社会经济发展，可以改善当地居民的生活条件和环境，增强居民对居住区的认同感和促进当地的文化复兴；（4）可用来作为教育的工具，进行与地学各学科有关的可持续发展教育、环境教育、培训和研究；（5）可探索和验证对各种地质遗迹的保护方法；（6）始终处于所在国独立司法权的管辖之下。世界地质公园所在国政府必须依照本国法律、法规对公园进行有效管理。

建立世界地质公园作为一种自然资源利用方式，在地质遗迹与生态环境保护、地方经济发展与解决群众就业、科学研究与知识普及、提升原有景区品位和基础设施改造、国际交流和提高全民素质等方面显现出非常可观的综合效益，为生态文明建设和地方文化传承做出了贡献，同时也是展示国家形象的名片、促进国际合作的引擎。

截至2020年9月，联合国教科文组织世界地质公园网络（GGN）共有161个成员，分布在全球44个国家和地区（见表1-3）。其中，中国拥有41个世界地质公园，分别是：黄山、云台、石林、丹霞山、张家界、五大连池、嵩山、雁荡山、泰宁、克什克腾、石海、泰山、王屋山-黛眉山、雷琼、房山、镜泊湖、伏牛山、龙虎山、自贡、阿拉善、终南山、乐业-凤山、宁德、香港、三清山、神农架、延庆、苍山、昆仑山、织金洞、敦煌、阿尔山、可可托海、光雾山-诺水河、大别山、九华山、沂蒙山、湘西和张掖世界地质公园。

表1-3　世界地质公园网络成员分布

所在大洲及数量	所在国家和地区及数量			
亚洲（65）	中国（41）	印度尼西亚（6）	日本（9）	韩国（4）
	马来西亚（1）	越南（3）	伊朗（1）	泰国（1）
欧洲（81）	奥地利（2）	克罗地亚（2）	捷克（1）	芬兰（3）
	法国（7）	丹麦（2）	德国（6）	德国/波兰（1）
	希腊（6）	匈牙利（1）	匈牙利/斯洛伐克（1）	冰岛（2）
	爱尔兰（2）	爱尔兰/英国（1）	意大利（11）	荷兰（1）
	挪威（3）	葡萄牙（5）	罗马尼亚（1）	斯洛文尼亚（1）
	斯洛文尼亚/奥地利（1）	西班牙（15）	土耳其（1）	英国（7）
	塞浦路斯（1）	比利时（1）	俄罗斯联邦（1）	塞尔维亚（1）
美洲（13）	巴西（1）	加拿大（5）	乌拉圭（1）	墨西哥（2）
	智利（1）	厄瓜多尔（1）	秘鲁（1）	尼加拉瓜（1）
非洲（2）	摩洛哥（1）	坦桑尼亚（1）		

我国非常重视地质公园的建设和发展工作，自2000年启动地质公园计划以来，一大批国家级、省级地质公园相继建立。截至2020年3月，国家林业和草原局、自然资源部已正式命名国家地质公园220处（见图1-14），授予国家地质公园资格57处，批准建立省级地质公园300余处，这些地质公园在科学知识普及和地方经济社会发展等方面起到了积极的推动作用。

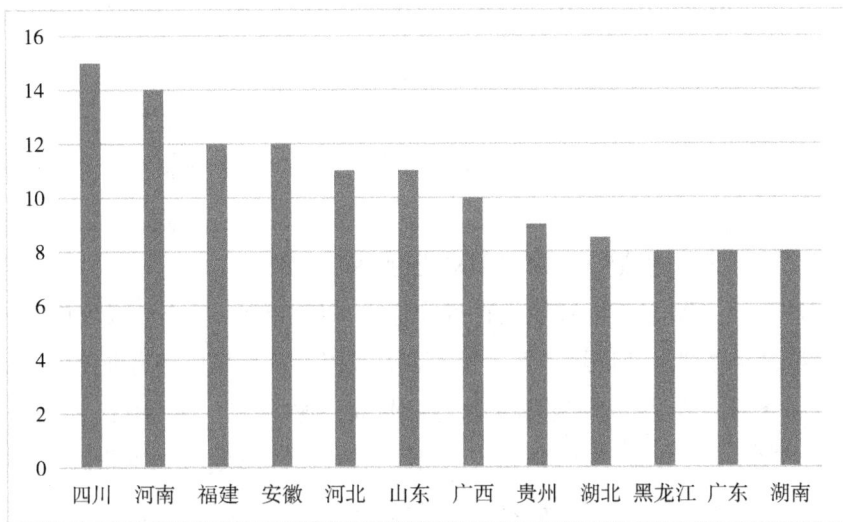

图1-14 我国正式命名的国家地质公园数量排名前十的省份

二、地质公园对旅游发展的启示

与地质公园相比，我国旅游景区的建设发展不仅时间早、数量多，而且规格很高，旅游景区的建设为我国入境旅游和大众旅游发展做出了不可替代的阶段性贡献。截至2020年底，我国已先后批准建立A级及以上景区已达数千家，其中5A级景区就已达281家。许多省市、自治区都把旅游业作为自己的支柱产业，旅游景区的发展对我国国民经济的各项事业起到了巨大的推动作用。在肯定我国旅游景区发展的同时，也不能回避其存在的问题，如盲目扩张、不注重内涵建设，大兴土木、破坏自然生态环境等成为影响我国旅游业可持续发展的重要制约因素。地质公园作为一种新生事物而得到快速发展，对我国旅游景区（特别是自然旅游景区）的可持续发展提供了一些有益的参考和启示。

（一）严格控制数量，加强审批与管理

自2009年以来，国土资源部（现为自然资源部）对国家地质公园实行资格授予和批准命名分开审核的申报审批方式。一是规定国家地质公园每2年申报一次，每个省（区、市）推荐的候选地每次不能超过2个；二是经评审通过授予国家地质公园资格并要求公园在三年内完成规定的建设工作，否则国家地质公园资格将被取消；三是地质公园建设完成经审查验收达标后才正式授予国家地质公园称号。在正式成为国家地质公园以后，国土资源部还会组织有关专家对地质公园进行监督检查，一旦发现问题会勒令整改，情节特别严重的予以摘牌处理。因此，我国旅游景区完全可以借鉴诸如"限额申报""先授资格再授牌"等特殊的审批管理方式。

（二）注重挖掘旅游景观的科学内涵和科普功能

我国地质公园非常重视景点解说和标识系统建设，以提高景区的科学品位和科技含量。如导游讲解和景点解说牌必须以通俗易懂的语言向游客进行科学讲解和介绍，不仅要告诉游客某个自然景观"像什么""是什么"，还要告诉游客"为什么"以及"什么时间""什么条件下"形成的这种景观，同时要求修建地质公园博物馆、科普影视馆和设置科考、科普路线，通过室内展示、实地观察和现代多媒体技术演示等方式，向游客特别是广大青少年进行科学知识的普及和教育。只有科学的才是可持续发展的，特别是当前我国大力发展研学旅行，未来要实现我国旅游景区的可持续发展，必须摆脱"牛鬼蛇神、神话传说"甚至"迷信式"的导游讲解和景点介绍方式。

（三）加强资源保护，严格进行功能区划分

地质公园非常重视功能区的划分，对特级保护区（点）、一级保护区、二级保护区和三级保护区有明确具体的规定。特级保护区是公园的核心保护区域，不允许观光游客进入，仅允许经过批准的科研、管理人员进入开展保护和科研活动，区内不得设立任何建筑设施；一级保护区可以安置必要的游赏步道和相关设施，但必须与景观环境相协调，要控制游客数量，严禁机动交通工具进入；二级、三级保护区允许设立少量且与景观环境协调的旅游服务设施。同时，所有保护区内不得进行矿产资源勘查、开发活动；不得设立宾馆、招待所、培训中心、疗养院等大型服务设施。目前我国一些旅游景区片面追求大而全，不注重旅游资源和生态环境的保护，旅游规划未得到有效实施，掠夺式资源开发和破坏性工程建设的反面案例屡见不鲜，这种扩张式景区发展模式已经到了必须加以变革的时候了。

（四）加大宣传促销力度，提高知名度和美誉度

旅游经济是知名度经济和注意力经济，在当今旅游市场竞争日益激烈的今天，"酒香也怕巷子深"。地质公园与一般旅游景区有相通之处，因此，旅游景区必须要加强宣传促销力度，一方面，依靠政府财力的有力支持，确保各项宣传促销活动的顺利实施；另一方面，多渠道、多层次整体促销。如借助公园申报世界地质公园、世界遗产和景区创A等为载体，依托各类政府组织和社会团体举办诸如推介会、研讨会等专题活动，充分利用电视、报刊、互联网等多种传播方式对旅游景区进行大范围、深层次、立体化的宣传。如此，必然会取得巨大的轰动效应，进而提高旅游景区的知名度和美誉度。

地质公园不仅是地质遗迹资源保护区，也具有旅游景区"公众游览"的属性，从这一意义上说二者的内容是相似的。实际上，目前很多地质公园都取得了非常可观的旅游综合效应，并且很多地质公园也是在旅游景区的基础上建立起来的，期待地质公园的建设实践经验能对我国旅游景区发展提供一些启示，以推动我国旅游景区的可持续发展，使旅游这一朝阳产业永远焕发着无限的生机。

第二章　地质旅游资源调查与评价研究

第一节　地质遗迹资源调查评价研究现状

一、地质遗迹资源遥感技术调查研究进展

（一）国外研究进展

遥感技术（Remote Sensing）是20世纪60年代以来兴起的一种先进的探测技术，是根据电磁波的相关理论和方法，应用一些传感设备对远处的地物所辐射以及反射出来的电磁波谱的信息，进行相应的收集整理及最后的成像，从而对地面的物体进行远处探测和识别的一种综合信息技术。想要节省人力、物力和财力，提高旅游资源调查的速度和质量，遥感技术必不可少，除此之外，还可以加强对区域旅游资源的宏观把握，加深对自然旅游资源成因的认识。

20世纪中后期，美国和加拿大等西方国家开始使用遥感技术来调查旅游资源。从那时起，遥感技术就广泛用于旅游资源的调查。许多学者还将遥感技术应用于公园风景名胜区的调查和环境监测，大大提高了工作的速度和准确性。Jacky、Bruno和Guy（1997）运用遥感的方法对欧洲Arc/Isre峡谷汇合处的景观结构和历史演变进行了研究。Twumasi（2001）以加纳卡昆国家公园为例探讨了遥感技术和地理信息系统在自然保护区管理中的应用。Harini、Catherine和Laura等（2004）运用遥感技术在尼泊尔和洪都拉斯开展了对公园的遥感监测。

另外，Tim Bahaire和Martin Elliott-White（1992）回顾了3S技术在旅游可持续发展规划中的应用情况。Williams、Paul和Hainswort（1996）利用3S技术对英国哥伦比亚的旅游资源状况进行了调查。Zhang Jingnan（2001）利用影像资料对荷兰的某海岛进行了旅游资源的实证调查。Banerjee、Smriti和Paul（2002）利用

遥感技术和地理信息系统对印度西部地区的生态旅游规划进行了研究，并利用NDVI 指数对土壤的覆盖情况进行分析，对印度旅游业发展具有一定的指导价值。Moeck、Schandelmeier和Dussel等（2005）介绍了3D模型在旅游资源调查中的应用，效果显著。Len M. Hunt等（2005）在其论文中介绍了3S技术在森林旅游管理中应用，并形象地称之为"一个快乐的空间分析"。

（二）国内研究进展

在我国，遥感技术在地学方面的应用最早是进行国土资源调查工作。20世纪80年代，遥感技术才应用于地质景观旅游资源的调查，至今已有四十多年的研究历史，在此时期的研究者大部分都具有地学背景。

地质矿产部地质遥感中心（现为中国地质调查局自然资源航空物探遥感中心）的陈李艮（1987）、丁家瑞（1993）、张义彬、曲家惠（1997）等，分别从不同角度阐释了遥感图像在旅游资源的分布特点及结构等现状调查、潜在旅游资源的调查和发现及旅游制图等方面的应用。北京大学李寿深（1990）利用彩色航片不仅量算出各种风景资源的基本类型和数量指标，而且还发现了一批新的风景资源。国家遥感中心长沙遥感部张绍辉、张银魁（1993）通过遥感图像对武陵源旅游区进行遥感调查，发现所有砂岩峰林地貌、岩溶地貌在图像上均有清晰显示，并且形成的物质基础和构造条件在遥感图像上也很容易进行解译和辨别。谷上礼（1993）在文献中较早地介绍了遥感在北京旅游区、山西运城旅游景区和骊山旅游点旅游资源调查中的应用。

平仲良（1995）介绍了青岛大泽山风景区的影像特征并据此探讨了大泽山旅游资源的地质成因。倪绍祥、蒋建军、查勇等（1995）依据1∶150万中国卫星影像图，通过景观组成要素分析法和专题图件对比分析法，编制了该区1∶150万自然景观类型解译图，判对率很高。钱作华、袁遵、张星亮等（1996）在国家八五重点遥感项目《新亚欧大陆桥（中国段）旅游资源遥感调查》中应用遥感技术逼真、快捷的优点进行旅游资源普查工作，对景点环境进行了解译，作出了新的尝试。谷上礼（1997）探讨了京九铁路沿线旅游资源及遥感应用前景。方洪宾、周彦儒（1998）利用遥感图像对海南岛旅游资源分布现状进行了系统解译分析，编制了"海南省旅游规划卫星影像图"，指出海南旅游开发存在南重北轻的特点。李江风、刘吉平、汪华斌（1999）探讨了地质地貌遥感解译原理和方法并对鄂西清江流域进行了遥感解译。吴玉民、陈殿义（1999）探讨了遥感图像在长白山白头山火山锥的形成过程、喷发期次和喷发特点，为该区火山活动的深入研究提供了资料。

进入21世纪以来，遥感技术在地质景观旅游资源调查的应用在国内得到快速发展。这些应用既涉及小尺度的如景区景点的地质景观旅游资源调查，又更多地涉及了中、大尺度的地质景观旅游资源调查，如县域、市域、省域，甚至更大区域性的地质景观旅游资源调查。同时这些调查涉及的地貌种类也越来越多，有喀斯特地貌、峡谷地貌、火山地貌、丹霞地貌等。研究者除了具有地学背景外，一些具有计算机科学、信息科学、旅游管理学、数学等专业背景的研究者数量也在不断增多。

骆华松（2000）探讨了遥感技术和数字地球在旅游资源评价和开发中的应用。杨传明（2002）对广西5类12种自然和人文旅游资源的影像特征进行了详细的论述。曾群（2004）详细阐释了遥感技术在旅游规划中的应用方向及不同遥感数据在旅游规划中的应用特点。张洁、张晶（2006）论述了传统旅游资源调查研究中存在的问题以及遥感和地理信息系统在旅游资源调查研究中的应用。张瑞英（2006）、张雪峰（2006）探讨了遥感技术在黑竹沟风景旅游区资源调查与评价中的应用。范继跃、何政伟和赵银兵等（2006、2007）对龙门山南段芦山县旅游资源进行了遥感调查与评价，得出了芦山县旅游资源分类表，将芦山县内的旅游资源分为2大类、8亚类、26个基本类型，并基于地理信息系统（GIS）对区内旅游资源进行了评价。

李文杰、银山（2007）通过分析资源光谱特征与影像色彩以及典型地区的关系，建立解译标志进行目视解译，不仅判读出了内蒙古主要自然旅游资源，而且发现了新的旅游资源。刘林清、郭福生和曾晓华（2007）阐释了丹霞地貌景观解译原理和方法、解译标志的建立，对江西省丹霞地貌景观进行初步解译，绘制了解译成果图并标明已知和新发现的丹霞地貌景观点。胡鹏（2008）探讨了基于遥感图像的丹霞地貌特征。黄宝华、郭福生、姜勇彪等（2010）LandsatETM+遥感影像数据系统研究了广丰盆地丹霞地貌影像特征，识别出了广丰盆地条块状、脑状、栅状、格状、丘状五种遥感影像特征。姜勇彪、郭福生、胡中华等（2010）又应用LandsatETM+遥感影像数据对信江盆地丹霞地貌特征及其景观类型进行了研究，结合野外调查，识别出了信江盆地丹霞地貌共8大类23种单体景观类型、4种组合类型，并对每种景观的遥感特征进行了描述。

二、地质景观旅游资源评价研究进展

（一）国外研究进展

地质景观旅游资源评价的系统研究在国外始于20世纪50年代。随着全球化快速发展，旅游资源的需求和供给也在全球化道路上发展，如何保护和恢复旅游资源，逐渐受到旅游研究者和旅游管理决策者的高度重视，因此，在旅游研究内容上，在旅游资源的评价方面新的课题不断涌现。

20世纪60年代后，旅游资源单因子定量评价如旅游资源的美感、气候、地形、环境容量等成为学者们研究的热点问题。特吉旺（1996）在对美国大陆生态气候进行评估时首先用定量方法评价旅游资源单因子，设计了舒适指数Comfort Index和风效指数（Wind Effect Index）。1963年，Lapage首次提出了旅游环境容量的概念，Mathieson和Wall将其定义为"在自然环境没有出现不可接受的变化和游客体验质量没有出现不可接受的降低的情况下，使用一个景点的游客人数的最大值"。此后，研究者就非常重视对景区环境容量的评价。

20世纪70年代起，学者们开始运用相关数学方法如采用层次分析法、模糊评价法等对旅游资源进行综合定量评价，通过选取一定数量的评价指标进行量化并建立量化模型进行综合评价。关于地质景观旅游资源评价在国外早期的一些典型性的成果有：Walmsle和Young等（1963）提出了如何在希腊西海岸区域进行旅游规划的旅游地（景点）评价系统模型。日本交通公社（1971）从自然资源、人文资源和旅游设施等三个方面建立评价指标体系，提出了旅游资源评价的标准；Evi Soteriou（1979）提出了对南非旅游资源进行评价的实用系统；等等。Wang Lili等（2009）基于遥感数据并利用GIS空间分析功能对甘肃旅游生态资源和环境进行了综合评价。Yan Zhiwu、Luo Wei和Li Xinning等（2011）利用层次分析法，建立了地质遗迹资源综合评价指标体系，并利用该指标体系对宁夏灵武国家地质公园、湖北恩施腾龙洞大峡谷地质遗迹资源进行了实证研究和初步规划。

其次，国外地质景观旅游资源评价在旅游资源的视觉质量评价、人类文化遗产价值评价和货币价值评价等方面研究的较多。视觉质量评价的代表人物有

Osgood和Suci（1955）、Calvin和Dearinger（1972）、Craik（1975）等，他们运用语义差别法（SDM），致力于景观要素的描述，通过对组景要素不同偏好的综合，获得景观视觉质量。Myklestad和Wager（1977）应用计算机制图技术进行不同森林景观模拟的视觉质量评价。Bishop和Hulse（1994）开展视觉质量评价实验，评价的实验数据为与视觉元素相关的地理信息系统数据。Lange（1994）应用了蒙太奇技术，Saito（1997）应用了三维动态模拟技术。旅游资源的人类文化遗产价值评价主要是利用社会学、人类学、文化学等研究成果来对旅游资源进行广泛探讨，代表人物有harrison（1986）和cosgrove（1990）等。旅游资源货币价值评价与环境影响评价理论（EIA）有着直接的渊源关系。旅游资源货币价值评价理论体系在20世纪70年代末期逐步形成，旅行费用法（TCM）在旅游资源的货币价值评价中得到广泛应用。之后，享乐定价法（HPM）和条件价值法（CVM）在旅游资源货币价值评价中得到广泛的应用并占据主导地位。

（二）国内研究进展

相比国外研究而言，我国旅游业发展的时间较短，地质景观旅游资源的评价始于20世纪80年代，虽然存在一定的差距，但也取得了不少成果。

1. 在旅游资源评价的理论研究方面

旅游资源的定性评价相对来说比较多，如郑克磊的经验评价法（1982）、俞孔坚的美学评分法（1988）、保继刚等的美感质量评价法（1991）以及邢道隆等（1987）。卢云亭（1988）提出对旅游资源"三大价值""三大效益""六个条件"的评价体系是旅游规划者常借助的方法。黄辉实提出"六字七标准"评价法，用"美、古、名、奇、特、用"和七个标准对旅游资源本身和旅游资源所处的环境进行评价。傅文伟（1991）以浙江省普陀山等7个地方的旅游资源实证研究了旅游资源综合评价体系构建及其应用。"SWOT"法即分析旅游资源的优势、劣势、机遇和威胁来探讨区域旅游发展的方法应用的较广。刘思敏（2005）基于"木桶理论"的启示，在分析了现有旅游资源评价体系优缺点的基础上，以定量评价结论为基础，在评价体系中考虑了体验系数，提出了"奇石画布"旅游资源评价体系，将游资源主要分为两大类即奇石型和画布型，产生了较大影响。应用最广的当属如国家自然科学基金"九五"重点项目成果，郭来喜、吴必虎等的《中国旅游资源分类系统与类型评价》和国家标准《旅游资源分类、调查与评价》（GB/T18972-2003）。前者被认为是学术研究型方案的典型代表，后者则是国家规范性质的实战操作型方案的典型代表。

2. 在旅游资源评价的技术研究方面

杨汉奎（1987）研究了如何运用模糊数学的方法对旅游资源（tourism resources）进行定量评价，这种方法在国内是比较早的。特吉旺提出的舒适指数和风效指数方法在我国应用较早的是刘继韩（1989）对秦皇岛旅游气候进行的评价。张帆（1998）针对旅游资源的价值和开发条件的相对地位，采用了单纯矩阵的评价方法对古运河进行了定量的评价。保继刚（1989）首先在国内引入Analytis Hierarchy Process层次分析法（AHP），构造了北京旅游资源评价模型树。基于3S技术的三维景观动态模拟还处于理论探讨中，未能得到广泛的运用。崔越（2002）基于UML开展了旅游资源评价决策支持系统的建模和开发，效果显著。郭剑英，王乃昂（2005）将旅游资源评价条件价值评估法CVM用于敦煌旅游资源非使用价值评估。层次分析法（AHP）近年来运用较多，是较成熟且常用于旅游资源评价的传统方法。石长波、王玉（2009）提出了基于AHM改进模型的旅游资源评价方法，属性层次分析模型（Analytic Hierarchy Model，AHM）是一种无结构决策分析方法，与层析分析法（Analytic Hierarchy Process，AHP）相似，具有一定的创新性。

3. 在地质地貌旅游资源研究领域方面

在地质景观、地质遗迹的评价上，相关的研究成果有：郝俊卿、吴成基和陶盈科（2004）以洛川黄土地质遗迹资源为例，采用模糊数学综合评判方法对其保护性进行了评价，指标包括保护管理状况、环境保护和现存程度3个，对其利用性进行评价的指标有科研科普、人为干扰度和旅游效应。席岳婷和魏峰群（2006）对陕西黄河蛇曲地貌景观从开发条件、环境状况、景观价值和客源市场等方面进行了综合评价，并构建了地质旅游资源保护和开发运作模式，采用的评价方法是资源价值指数法。蒋芩，李嘉和朱创业（2007）对四川筠连泉类岩溶地质公园内各类资源的特色进行了评价。罗伟（2009）通过运用德尔菲法和层次分析法建立岩溶地质遗迹资源综合评价指标体系，对湖北腾龙洞大峡谷地质公园地质遗迹资源进行实证评价等等。研究方法与一般旅游资源类似，评价指标多按照国土资源部相关文件中的评价指标或部分修改进行的。

三、发展趋势与存在问题

（一）发展趋势

在地质景观旅游资源调查方面，地面实地调查仍是一种重要的手段，但遥感技术的应用越来越深入并且成为地面调查之前的先导性工作之一。地质景观旅游资源景观特征的遥感信息识别仍以专家的目视解译为主，遥感信息的自动化提取、定量化研究的方法和技术已成为当前研究的热点和发展趋势。区域地质景观旅游资源的宏观特征如资源面积、类型识别、动态变化、空间布局、地层岩性、地形地貌展布等是研究的热点，区域地质景观微观特征值的解析与量测统计是今后研究的重要方向。

在地质景观旅游资源评价方面，评价对象上单体评价和综合评价并重发展；定性评价的比重会逐渐变小，定量评价将成为主流；评价方法也将由单一的数学方法的应用向定性与定量结合及多种数学方法同时运用的趋势转移。因特网技术、3S技术、虚拟现实等技术将广泛应用于资源评价研究中，基于3S技术的三维景观动态模拟研究将成为未来研究的重点和方向。

（二）存在问题

在区域资源调查工作中，运用遥感技术进行区域地质景观的宏观特征信息解析研究的较多（如地质景观区域的地层岩性、地质景观单元纹理特征、景观格局动态变化及潜在旅游资源区域探索），关于各类地质景观遥感图像特征及区域的异同，景观类型与地质背景及演化的关系等研究的较少，同时运用遥感技术对地质景观的特征值如坡度、坡向、地形起伏度和切割深度、景观高度、宽度、流量、直径等量测与统计方面具体研究的较少。

其次，在地质景观旅游资源评价过程中，没有很好地区分旅游资源单体评价和旅游资源开发评价的关系，要么二者相割裂，要么二者相混淆。目前地质景观旅游资源的评价以定性评价较多，定量评价较少。在定量评价方面多利用数学模型方法通过选取评价因子的方法来进行，一方面针对不同类型旅游资源评价因子的选取方面没体现差异性；另一方面评价者的主观性观点如专家评价打分等干涉的较多，所选择的评价指标不够典型且彼此之间有一定相互包含之嫌，对不同类型的旅游资源没有具体的评价指标体系，针对性不强，评价实施者的身份也会影响评价的结果。

第二节　地质遗迹资源遥感图像解析原理与内容

一、遥感图像解译基本原理与方法

遥感图像解译通常是指从遥感图像获取信息的过程，其目的是识别物体，分析判断物体的性质，通常可分为目视解译和计算机解译两种。

遥感技术应用的基础是遥感图像的目视解译工作，对许多遥感应用项目来说，目视解译都是必须做的工作，同时也为研究遥感图像信息的计算机自动提取识别提供了重要基础。因此，掌握遥感图像的目视解译标志和解译方法在地质景观遥感图像解析工作中具有重要的意义。

地质景观遥感图像解译可分为图像识别和图像分析两个部分，可以对图像信息进行处理、分辨、检测。确定遥感图像上物体的属性或特征以及对遥感图像进行识别或分类等属于图像识别；在图像识别过程中，进一步对遥感图像中各种结构和关系进行分析和描述属于图像分析，二者有机结合才能构成一个完整的遥感图像解译过程（图2-1）。

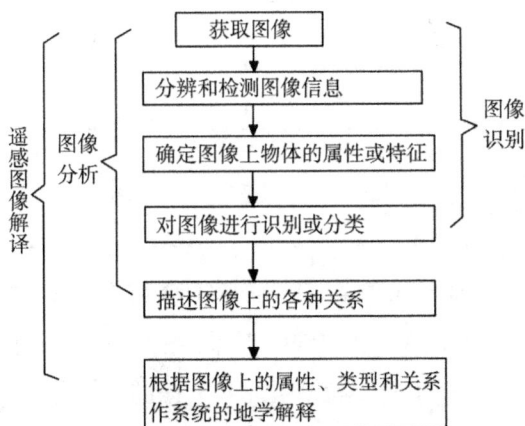

图2-1　地质景观遥感图像解译过程示意图

（一）遥感图像解译标志

地质景观遥感图像解译标志是指在遥感卫星图像上能够识别地质景观，并能说明其性质、状态和相互关系的图像特征，如颜色、大小、形状、纹理、高差、阴影、位置、体积、直径高度比和布局等，它们是地质景观在遥感图像上的空间和光谱信息的显示。解译标志可分为直接解译标志和间接解译标志。

直接解译标志是指能够直接反映和表现目标地面物体的各种遥感图像特征，包括遥感图像上的色调、阴影、色彩、大小、形状、纹理和图形等，解译者能够利用直接解译标志识别遥感卫星图像上的目标地面物体。间接解译标志是指遥感卫星图像上能够间接反映和表现目标地物特征的影像标志，如位置和相关关系等，借助间接解译标志可以推断与地物属性相关的其他现象。

根据各种解译标志的成像规律、复杂程度以及对专业规律的依赖性，可以对遥感图像解译标志进行分级，用以描述各类解译标志的相互关系（图2-2）。

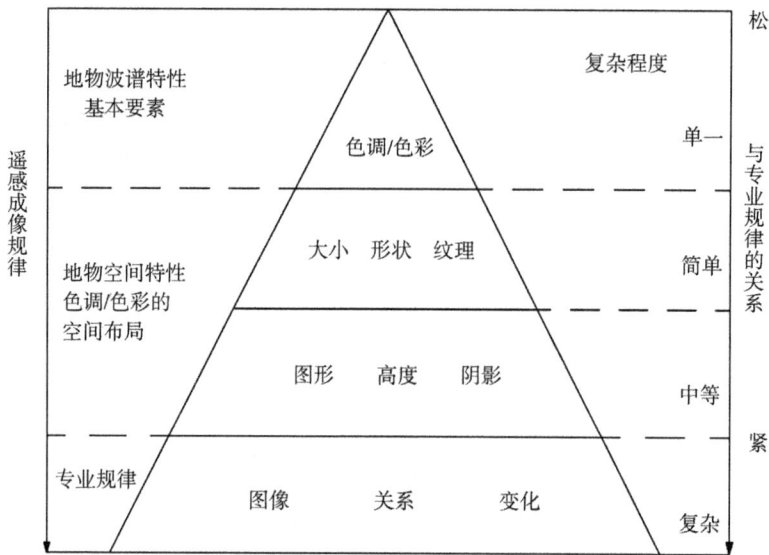

图2-2 地质景观遥感图像解译标志分级图

第一级解译标志有色调、色彩等，它们是最单一、最基本的图像要素，在遥感图像解译标志分级图中，能给解译人员提供大量有用的信息。若物体图像之间或目标与背景之间没有任何色调和色彩的差异，那么各种物体和现象的图像鉴别就无从说起。

第二级解译标志图像要素有大小、形状和纹理等，反映了观测地物的表面结构特征，对遥感图像的解译非常有用。

第三级解译标志属中等复杂的图像要素，包括图形、高度和阴影等，是物体三维特征在图像平面上的记录。其中，图形往往是一些人工和自然现象所特有的图像特征。在对它们进行分析时，解译人员应具有较强的综合单一解译标志的能力，以及随比例尺不同而变化的知识。高度是除色调和色彩要素外，在三维遥感图像判别中最重要的要素。物体的相对高度和三维几何形状，往往会给图像分析判读工作提供许多有价值的线索，而阴影不仅可以帮助也可以误导判读人员，因为它可以揭示物体的轮廓线，同时也会将阴影中物体的细节掩盖起来。

第四级是最为复杂的解译标志，如目标地物的位置、关系以及诸要素之间的变化过程。对遥感图像进行分析时，要求根据相关的专业学科规律进行更多综合、推理和判读，因此，第四级在揭示一些遥感图像上无法直接看到的地物或现象时，具有十分重要的意义。

需要强调的是，在不同领域和对不同专业、目的而言，建立和运用各种解译标志并不一定相同，一般需要有一定的专业基础知识和判读经验；同时，由于遥感图像的种类较多，各种图像的投影性质、波谱特征、色调色彩和比例尺等均存在显著的差异，因此利用解译标志时需要注意区分不同遥感图像的特点。

（二）遥感图像解译方法和程序

1. 遥感图像解译的一般原则

首先总体观察，然后综合对比分析，同时尊重遥感影像的客观实际情况，解译遥感图像时应该做到耐心细致，对凡是有价值和有疑问的重要问题都要进行重点的分析和判断。

2. 遥感图像解译方法

在遥感图像解译过程中，利用解译标志来进行地面物体及其属性的识别。通常采用以下五种方法：

（1）直接判读解译法

直接判读解译法是指通过遥感影像的解译标志，能够直接确定某一地物或现象的存在和属性的一种直观解译方法。例如，图像中水体呈现灰黑到黑色，再根据水体的形状可直接分辨出水体是河流，或者是湖泊。在假彩色红外图像上，植被颜色为红色，根据图像颜色及纹理特征就可识别植被覆盖类型及其覆盖密度。遥感图像的直接解译标志包括：色调、色彩、大小、形状、阴影、纹理、图案等。对于几何特征明显并在遥感图像上形成清晰的形态和边界特征的地质体，也可运用直接解译方法进行解译制图。如层状沉积岩、火山口、断层、褶皱、侵入岩体等地质体单元。

（2）信息复合解译法

信息复合解译法是基于地理信息系统与遥感图像处理的基层平台，运用地学多元信息的空间分析方法，引入多证据判别理论进行遥感图像未知异常区的地学成因解译和图像识别的一种方法。如在综合信息遥感成矿规律研究中，对图像中的环形构造异常的图像解译、对多组断裂交切复合结点图像异常的解译等，都需要引入地学探测勘察等非遥感成像数据进行综合信息复合处理，生成多元数据的综合性信息图像进行多证据条件下的图像解译。综合信息法的核心仍然是对遥感图像的异常信息进行解译分析，而不是将遥感图像作为一般的地理底图来分析地学多元数据。引入地学其他勘察数据的目的是利用多证据理论分析图像异常的成因类型，从遥感图像的空间结构来分析其图像异常标志的成像机理。

信息复合解译法通常包括多波段遥感信息的复合、多时相遥感信息的复合、多平台遥感信息的复合和遥感信息与非遥感信息的复合。

（3）逻辑推理解译法

逻辑推理解译法通常是指从特殊到一般，又从一般到特殊的逻辑思维与逻辑推理过程。遥感图像地学解译的图像认识过程符合逻辑推理的思维认知过程。空间推理解译法就是基于地球科学理论和知识系统的图像认知思维在地理空间结构上的一种具体应用。这一解译过程必须具有两个前提条件：①解译者具备地球科学的基础理论的一般性知识及野外工作实践经验；②解译者对图像标志具有一定的识别能力。如依据图像的色调反差界线所构成的纹理条带结构标志，运用沉积岩层在空间的产出状态与地形切割关系，就可做出下列推断结论：①图像的纹理线是由层状沉积岩构成的，并可排除其他成因类型；②依据

"V"字形法则，层状岩层的产状符合地层的空间展布规律；③依据沉积岩地层的空间展布形态判定该地层构成褶皱构造；或依据岩层的缺失或重复判定存在断裂构造等。上述三个推理结论，体现了从特殊到一般，从一般到特殊的逻辑推理原则，图像特殊现象是"纹理结构"，而"层状沉积岩"、"V"字形法则和褶皱、断裂都是"一般"性知识。

（4）地学相关解译法

地学要素之间存在相互的成生的关系，利用地学要素的图像目标之间的内在联系性，就可进行相关解译和相关分析。在图像解译时，首先需要确定图像目标之间有无相关关系以及相关关系的类型，然后再依据地理环境中各目标之间的依存或制约关系，运用专业知识进行推断，确定待解译目标的地学性质、类型、状况与分布状况。

在地学相关解译中，还要确定地学目标之间相互关系的类型，即正相关关系和负相关关系；直线关系和曲线关系；简单关系和复杂关系等。如平原区的隐伏断裂构造与土壤层的含水性差异界线、植被覆盖类型差异界线、土壤盐碱化差异界线等，既可能与隐伏断裂有关，又可能与隐伏断裂无关，这就属于复杂相关关系；而岩溶地貌类型标志与灰岩地层之间、"丹霞"地貌与砂岩地层之间就属于简单相关关系。断裂破碎带与线状沟谷地形要素之间为正相关关系；硅化蚀变岩带与山脊线之间就可能形成负相关关系等。

（5）对比分析解译法

当地物不具备典型的解译标志，不能用直接判读的方法解译时，可将解译对象与已知地物进行图像对比，分析两者的异同点，从而达到鉴别未知地物的目的。对比分析解译法是遥感图像解译普遍采用的方法之一。对比分析解译法是按照图像标志对地学目标的图像光谱特性和空间结构特性进行比较和识别的方法，是通过对相邻目标或在已知目标与未知目标之间进行比较达到识别地学目标的成分结构和空间关系的图像认知方法。遥感图像对比解译分析的图像标志和对比标准主要有图像光谱特征、尺度特征、几何形态特征、纹理结构特征、背景环境特征、空间结构特征、目标组合特征等，通过比较寻找其相似性或差异性，目的是进行图像目标的归类或分类。

利用地学对比分析对遥感图像进行解译的方法有很多，既可以对同类地物、空间、时相动态等进行对比分析，也可以对目标与背景的差异等进行对比分析。例如：在同一景遥感卫星图像上，利用已经知道的地物与不知道的地物进行比对归类，这就是同类地物对比分析法；利用许多不同地物之间的空间结构特点如相同或差别之处进行对比，把相同度高的地物进行归类，将差别大的地物进行分解，这就是空间对比分析法，这种方法也可以根据地物的遥感卫星图像特征进行对比解译；在解译时如果涉及相同目标在不同时间的遥感卫星图像的差异来研究其动态变化的性质和变化尺度，这就是动态对比分析法，例如水系在洪水或枯水季节的岸线变化等。

3. 遥感图像解译的程序

遥感图像的目视解译过程通常遵循以下程序展开：

（1）准备工作阶段

为了提高遥感图像解析的质量和速度，前期的解译准备工作包括以下三点：①明确解译任务与要求；②收集图像数据和地学专业资料；③图像预处理和图像增强处理，选取合适的制图比例尺，进行图像地理信息处理（地理底图处理）。

（2）初步解译，建立解译标志

初步解译的主要任务是建立图像解译标志，设计解译方法，为全面解译奠定基础。初步解译中要根据图像初步解译标志选择野外踏勘路线，设计野外图像特征的实地调查方案与图像标志的现场验证素材。如地学专题解译的分类系统、图像标志登记表、图像特征信息的成因机理调查表等。

（3）室内详细解译阶段

室内进行详细解译是在路线踏勘的基础上，运用经野外验证建立的专业解译的证据性标志，或专业解译图像模式对研究区图像进行全面系统的地学专题解译，生成地学专题解译图。解译过程包括直接解译、间接解译、关联解译、推理解译等方法的运用。

（4）野外验证与补充调查

对详细解译图要进行野外全面抽样验证，抽样调查是一种非全面调查方法，是从解译图中抽选一部分路线进行解译结果验证性调查，并依据抽样调查结果对解译图的精度做出评估。地学遥感解译图的抽样调查包括随机抽样和主要目标必查两种验证模式，前者针对一般性对象，如岩石、地层、环境等面积型问题；后者则针对重点对象或特殊异常对象或现象。如主要断裂带、含矿地质单元、成矿远景区带等。在抽样中发现的地学问题或疑难点需要在补充调查中再次进行解译。

（5）成果整理与制图

包括编绘成图、资料整理和文字总结。成图就是将合格的解译草图根据专业的要求，按照一定比例尺经制图综合转绘成图。一般都是采用遥感系列成图方法，分要素或按不同功能分别成图，形成系列图件成果。目前都是在计算机辅助下制图，前期解译可以是由人工完成，再输入计算机利用相关制图软件编辑制图，如MapGIS、ArcGIS等RS软件和GIS软件都可以完成制图工作，大大节省了人力。

（三）地质景观遥感图像解析的主要内容

地质景观旅游资源遥感是基于地质地貌及地理景观的图像解译原理和方法技术进行区域旅游资源调查、探索、发现、测量及评价。在地质景观遥感调查中，则要选择相应尺度的遥感图像和一切可以利用的区域旅游资源材料和数据，进行综合解译分析和制图。地质景观旅游资源遥感包括区域旅游资源遥感图像解译普查和旅游地遥感解译与调查评价两种类型。区域旅游资源遥感是在一个较大地理区域的资源普查，如特定地理区域的地貌单元区；河谷（峡谷）特定的一个河段地貌单元区；与知名旅游地相邻县市的地貌景观类似地区等。旅游地遥感解译与调查评价是基于某一景区及其外围进行的旅游资源扩展调查和新旅游路线调查与评价。

遥感图像类型及图像比例尺的选择要依据工作性质和景观对象的尺度特征进行科学选取。如景观资源遥感普查可选择Landsat ETM、SPOT、OrbView等中等比例尺遥感图像，也可依据景观对象的尺度特征选择IKONOS、Quickbird、Wordview等高分辨率遥感图像；而旅游地遥感调查评价一般需选择高分辨率遥感图像。

地质景观遥感调查的工作程序与地理遥感、地质遥感基本相同。但是，地质景观遥感图像解译与地质地貌图像解译的重点又不完全一样，即地质景观旅游资源遥感更强调地貌的景观构成及地貌形态的细节信息、结构信息、形态类型信息、地貌景观形态的特征值数据采集等旅游规划设计及路线景观布局的信息。因此，地质景观遥感图像的解析一般应包括以下五个基本内容：

1. 地质景观的成因与环境背景解析

影响地质景观形成与演化的主要因素来自地球的内营力和外营力，内营力的作用类型主要有地壳的水平和垂直运动、岩浆活动和地震等；外营力是指在太阳能、重力能等地球外力的能源作用下，大气、水、生物等对地表的各种作用，是地表的演示遭到破坏并搬运到较低的地方重新沉积，削高填低，减小地表起伏，主要有风化作用、剥蚀作用和搬运作用等。具体包括地层岩性、构造、流水、风力等外力作用和区域气候环境等，它们是塑造地质景观最直接的因素。

2. 地质景观的空间形态结构对比分析

虽然是同一地貌类型，但由于其所处的地质构造背景及区域自然地理环境等因素的影响，它们在地质景观的类型和结构上总会有差别，从地质景观旅游资源观赏的角度上看，它们的观赏价值千差万别。因此对同类地质地貌景观的横向对比分析，可以找到它们各自的优势和特色，这便可以找到地质景观旅游资源的开发和营销上的突破口。这种差别既包括宏观上的地质地貌形态的差别，也包括地质景观实体形态和结构的差别。

3. 地质景观造景特征信息的提取与分析

区域地形地貌信息如坡度、坡向、地表起伏度、地表粗糙度、地表切割深度等微观和宏观地形因子直接影响区域地质景观的类型和分布格局，也是地质景观区域差异性的直接影响因素。区域地形地貌信息的提取是从宏微观角度全面掌握区域地质景观孕育背景的重要手段，一般通过对数字高程模型（DEM）处理进行提取和分析。

4. 地质景观元素特征的遥感解译

除了从宏观的角度对地质景观遥感解析外，很多地质地貌景观的微地形都特别的发育，因此地质景观实体特征的遥感识别特别重要，是区域地质景观旅游资源吸引性的最重要来源。地质景观实体特征的遥感识别包括地质景观实体的纹理斑块特征、分布结构、表面差异等。

5. 地质景观特征值的三维量测与统计

地质景观实体特征值的量测与统计是旅游资源遥感调查的重要内容，包括地质景观实体高度、宽度、面积、周长、体积、直径、数量等可测量的数据。地质景观实体特征值的量测与统计一般通过高分辨率三维遥感图像技术来完成，同时要与地面实地勘查相结合，因为有些地质景观实体如地下溶洞、地下暗河等通过遥感手段很难探测。

第三节　DEM在岩溶地貌景观调查中的应用

一、研究概况与数据来源

（一）研究概况

岩溶地貌又称喀斯特地貌（Karst Landform），是具有溶蚀力的水对可溶性岩石进行溶蚀等作用所形成的地表和地下形态的总称。岩溶地貌不仅在我国分布较广，在世界上也分布广泛，一些岩溶地区地形条件复杂、生态环境脆弱、交通不便，严重制约了区域土地利用、城市规划、矿产调查、地质灾害防治、生态环境和旅游资源调查等诸多方面的发展。

1958年由美国麻省理工学院摄影测量实验室主任米勒（C.L.Miller）最早提出数字高程模型（Digital Elevation Model，DEM）的概念，它是地球表面地形的离散数学表达式。DEM作为数字化的地形图，包含大量的、各种各样的地形结构和特征信息，是定量描述地貌结构、水文过程、生物分布等空间变化的基础数据。数字地形分析（Digital Terrain Analysis，DTA）是随着数字高程模型的发展而出现的地形分析方法，是在数字高程模型上进行地形属性计算和特征提取的数字地形信息技术。随着我国NSDI（国家空间数据基础设施）建设的不断深入，迫切需要利用GIS技术进行深层次的空间数据挖掘和DEM分析。因此，基于DEM，提取和分析了喀斯特地区的地形和地貌因素，为研究区地质景观旅游资源开发和地质环境调查提供参考和帮助。

（二）数据来源

ASTER GDEM数据是NASA（美国航天局）和METI（日本经济产业省）于2009年发布的最新地球电子地形数据。其覆盖范围是北纬83°至南纬83°，覆盖率达99%的地球陆地表面，比以前的任何地形图都宽得多。ASTER GDEM作为一种最新的DEM数据，因其覆盖面广（全球陆地99%）和精度高（垂直精度20米，水平精度30米）的特点，已经被许多研究学者采用，如曹海春等进行了流域特征信息提取的研究，闫鹏、杨振和刘栋梁等开展了区域构造地貌与地貌形成过程的研究，朱圣军等探讨了其在石油勘探中的应用等，这些应用成果证实了ASTER GDEM数据是一个非常有用的高程数据产品。本书主要利用ASTER GDEM数据，对多场景DEM数据进行拼接和裁剪后，提取并分析研究区域的地形地貌特征信息。

本章以湖北恩施腾龙洞大峡谷地质公园为研究区域，该地质公园位于湖北恩施土家族苗族自治州境内，核心保护区面积为224km²，沿清江流域东西方向延伸48.37km，宽度以清江河谷和清江伏流为中轴线南北向宽5~8km。该公园的地质结构位于扬子准地台的中部，上扬子和中扬子的交接处，属川鄂湘黔隆褶带北缘的一部分。自古生代以来公园内的沉积岩分布广泛，主要为三叠和二叠系地层，腾龙洞、大峡谷发育于下三叠统嘉陵江组下部石灰岩、白云质石灰岩和上二叠统石灰岩中，地壳运动和清江流水的长期溶蚀、侵蚀作用，为腾龙洞及大峡谷等地质地貌景观的形成奠定了重要基础。该公园位于湖北西部清江流域的喀斯特地区，清江流域碳酸盐岩出露面积约占流域总面积的72%，具有独特的岩溶地质背景条件，是我国岩溶最发达的地区之一。

二、研究区地形地貌特征信息的提取与分析

基于DEM的地质景观地形信息提取包括两个方面。一种是提取地形坡度因子，包括宏观地形因子和微观地形因子；另一类是特征地形要素的提取。本文主要使用ArcGIS软件提取等高线、山顶顶点、水系和坡度、坡向、地形起伏和地表切割深度，以分析研究区的地形特征，然后分析研究区的景观资源和地质环境。

（一）等高线、山顶点及坡度的提取分析

对于等高线而言，等高线距离越小，地形图上的等高线越密集，所显示的地质地形就越详细和精确。等高线距离越大，地形图上的等高线越稀疏，对应的地图显示就越粗糙。山顶点是指那些在特定领域分析范围内，该点都比周围点高的区域。山顶点是地形的重要特征点，其分布和密度既反映了地貌的发展特征，同时也制约着地质地貌景观的发育。

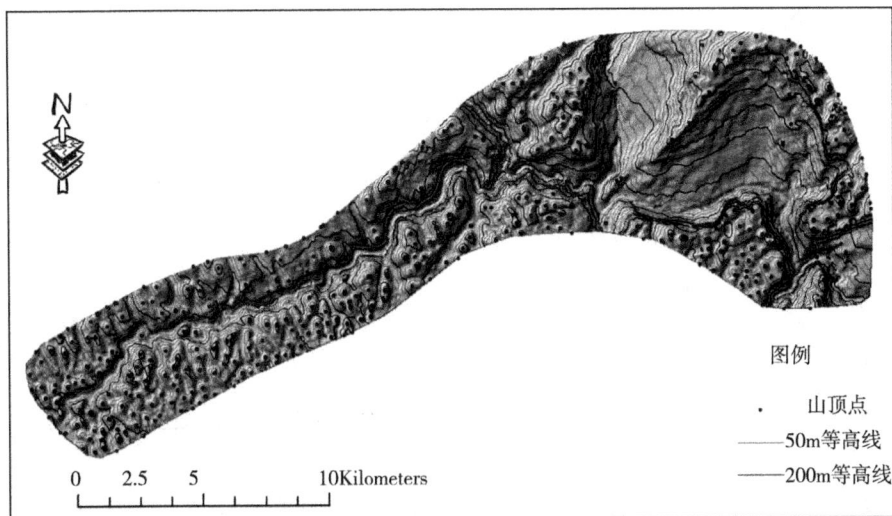

图2-3 研究区三维等高线和山顶点提取图

根据高程和山顶点因子的提取结果（图2-3），研究区高程范围为569m至1997m，按山地分类体系属中低山（中山1000m～3500m，低山500m～1000m）。共提取研究区山顶点共569个，其在清江河道两侧分布具有以下特点：山顶点沿山脊线线状分布的为溶峰，山顶点均匀分布的为溶丘，岩溶地貌景观广泛发育。这主要是由于研究区为石灰岩地层，可溶性较强，长期受到流水的溶蚀，形成溶蚀丘陵和洼地（或漏斗），串珠状的溶丘山顶形成线状山脊线，而洼地则发育成谷地，且洼地内分布有大量的落水洞或竖井。

（二）水系的提取分析

水体景观是地质景观旅游资源的重要组成部分，河网水系的提取直接涉及到地质景观的类型、空间分布以及游览路线和游览方式等诸多方面。本书采用的河网水系提取的方法是基于地表径流漫流模型来进行的，提取流程见图2-4。

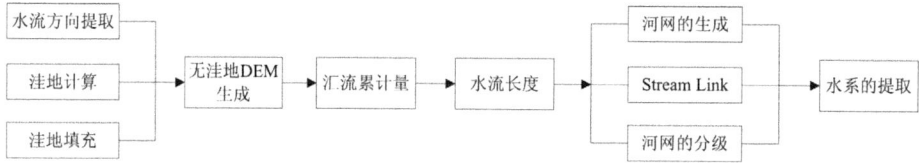

图2-4　基于地表径流漫流模型的水系提取流程

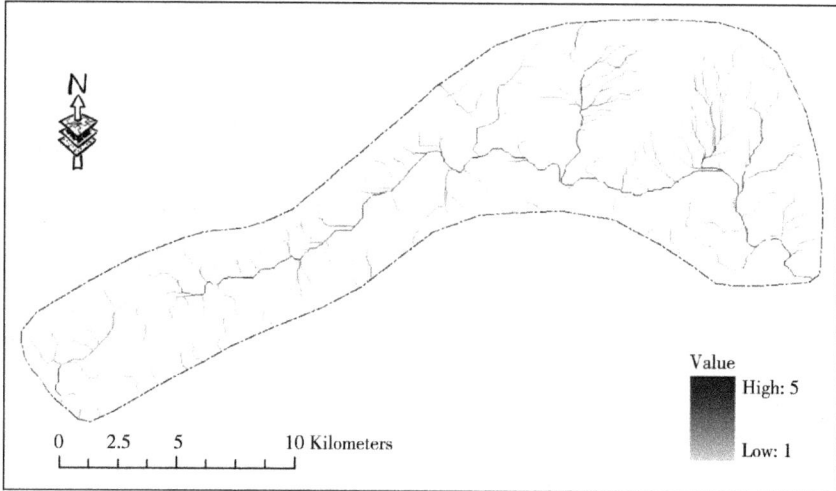

图2-5　研究区河网水系分布图

通过采用Strahler分级法提取的河网水系分布图（图2-5）可以看出，研究区干流为清江，其他河网水系均为清江的支流。在研究区域的水文地质景观调查中，水系的提取具有辅助作用，清江水系干流或支流的断流区域可以推测为地下伏流或岩溶洞穴景观，断流区域的前后端点可以推测为地下伏流或洞穴的入口处和出口处等，再结合高分辨率三维遥感图像进行识别便可确定其景观类型。另外河网的密集程度、水系的弯曲程度、水量大小等，可以为旅游方式、旅游线路设计等提供参考。

通过提取的河网水系，可知研究区地表明流和地下暗河呈现"两明两暗"的特征，其中"两明"是银河洞至深潭洞、黑洞至恩施大峡谷；"两暗"分别是卧龙吞江落水洞至银河洞、深潭洞至黑洞，这与实地考察结果是相符的，本区水洞（伏流）长度为16.8km，是中国最大的伏流之一。

（三）坡度、坡向的提取分析

坡度表示地表面上某个位置最陡的倾斜程度。地表面任一点的坡度是指过该点的切平面与水平地面之间的夹角，坡度值越小，地形越平坦，坡度值越大，地形越陡峭。坡向即坡面的朝向，是指地表面上的一点的切平面的法线矢量在水平面的投影与经过该点的正北方向的夹角，表示表面某处最陡的倾斜方向。坡向以度为单位，正北方向为0°按顺时针方向计算，取值为0°到360°。通常坡向分为九种，即平缓坡（−1°）、北坡（0°~22.5°，337.5°~360°）、东北坡（22.5°~67.5°）、东坡（67.5°~112.5°）、东南坡（112.5°~157.5°）、南坡（157.5°~202.5°）、西南坡（202.5°~247.5°）、西坡（247.5°~292.5°）、西北坡（292.5°~337.5°）。

图2-6中提取的研究区坡度范围为0°~82.7°。为了更好地体现研究区地形地貌特征，笔者将坡度分为五级，分别是台地（0~10°）、缓坡（10°~30°）、陡坡（30°~50°）、陡崖（50°~70°）和绝壁（70°~82.7°）。研究区总面积为224km²，其中低坡度缓坡和台地分布面积为170.2km²，占总面积的76%；陡崖和绝壁的分布面积为11.3km²，占总面积的5%，主要分布于清江河谷两侧，且集中在七星寨景区和恩施大峡谷景区，自西往东河谷深切加剧，形成典型的岩溶峡谷地貌景观。50°以上的陡崖和绝壁如此集中，分布得如此之广，非常罕见，并且还创造了恩施大峡谷雄伟而陡峭的特征。

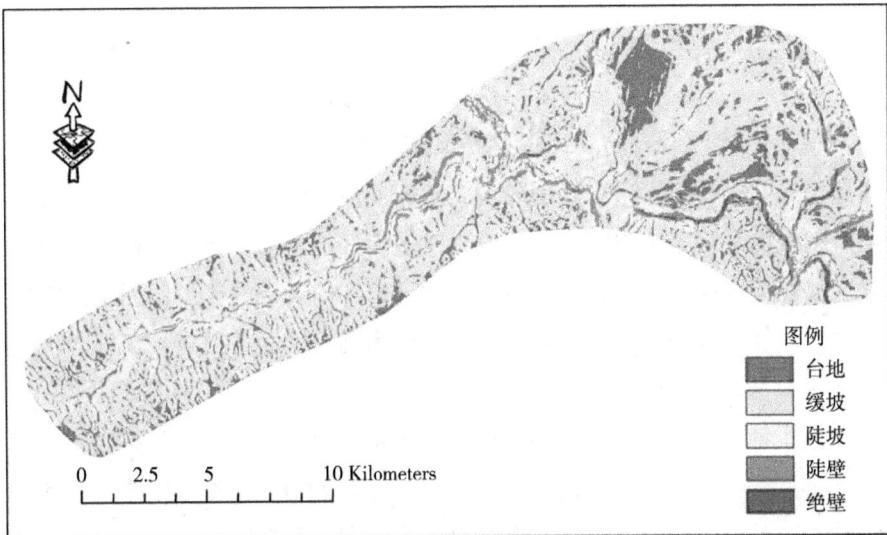

图例
台地
缓坡
陡坡
陡壁
绝壁

0 2.5 5 10 Kilometers

图2-6 研究区坡度提取图

从提取的坡向图（图2-7）可以明显看出，清江河道两侧的坡面朝向严格受到清江河水侵蚀作用的控制，河流两侧坡面均朝向河谷，且坡面陡峻（叠加坡度图）。坡向的提取很容易判别出山脊线和山谷线，同时最佳观景点的选址也一定要选择朝向河谷的坡面，同时在坡面上修建栈道更能增加峡谷的险峻。

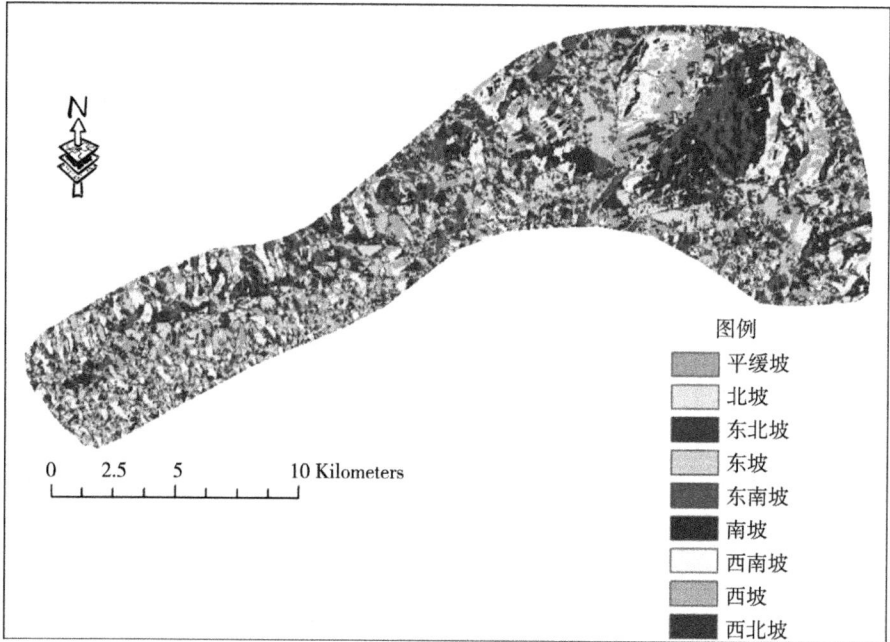

图2-7　研究区坡向提取图

恩施大峡谷的发育地层段以三叠系碳酸盐岩地层为主体，三叠系灰岩属于质地纯净的岩石类型，且厚度较大，裸露面较宽，尽管处于褶皱构造带，但岩层产状较为平缓，为岩溶地貌形成提供了良好的岩石学条件。构造地质条件如地壳抬升幅度大，为落水洞、溶洞、地下暗河的形成提供了侵蚀基准面的基础条件，此外该区地表水源充沛及潮湿气候为喀斯特峡谷提供了良好的水文地质条件。

（四）地形起伏度、地表切割深度的提取分析

地形起伏是指特定区域中最高点海拔和最低点海拔之间的差值，是所描述区域中地形特征的宏观指标，地形起伏可以直接反映区域地形，在地质景观地形和地貌特征研究中，地形起伏度指标能够反映地质景观的区域特征，在地质景观评价中具有重要的参考意义。

地表切割深度是指地面某点的领域范围内的平均高程与该领域范围内的最小高程的差值。地表切割深度直观地反映了地表的侵蚀和切割，是研究地质景观特征与发育的重要参考指标。

根据地形起伏度提取结果（图2-8），研究区地形起伏度范围为0m～924m，按照我国数字地貌制图规范，地势起伏度划分为七级：平原（一般小于30m）、台地（一般30m～70m）、丘陵（一般70m～200m）、小起伏山地（一般200m～500m）、中起伏山地（一般500m～1000m）、大起伏山地（一般1000m～2500m）和极大起伏山地（一般大于2500m）。研究区最大起伏度为中起伏山地，500m以上起伏度主要集中在清江河谷两侧和峡谷地区。

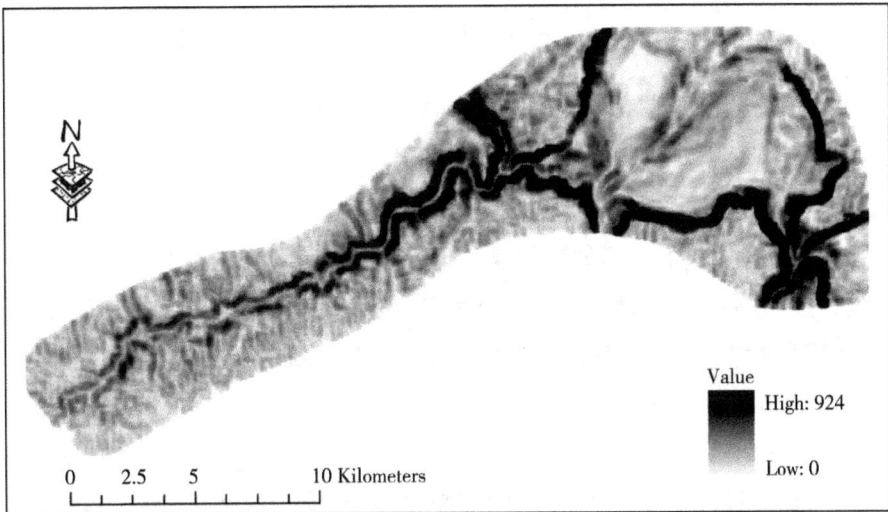

图2-8　研究区地形起伏度图

图2-9中，研究区地表切割深度范围为0m～281m，其中150m以上切割深度分布态势与地形起伏度相近，表明了清江水系受区域构造和气候环境影响，其侵蚀切割程度在研究区下游加剧，这些地区是研究区主要岩溶峡谷景观的分布区域。

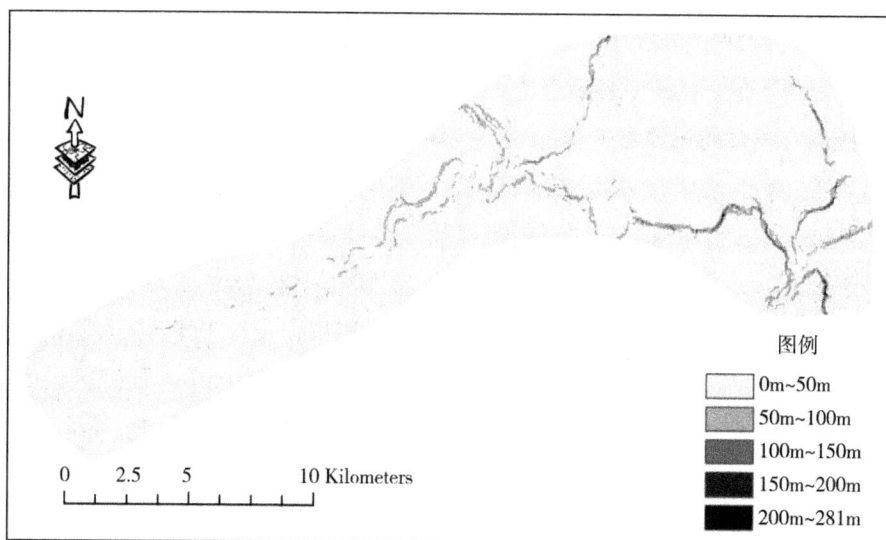

图2-9　研究区地表切割深度图

三、结论与讨论

DEM包含大量的地形地貌信息，通过使用数字地形分析技术来提取和分析对研究区等高线、山顶点、水系及坡度、坡向、地形起伏度和地表切割深度等，从而基本掌握了研究区的地形地貌特征，为区域资源与环境调查提供了基础数据和基本资料。

研究区属中低山岩溶地区，清江河贯穿整个研究区，研究区西南部与东北部岩溶地貌景观差异明显，河谷两岸地表岩溶地貌景观如岩溶峰丛、峰林、溶沟、石芽等广泛发育，河水切割深度在中下游逐渐加剧，形成雄伟险峻的恩施大峡谷陡崖景观；同时由于受到区域气候降水、地层岩性和区域构造作用的影响，河网水系发育，岩溶洞穴、落水洞等地下岩溶地貌景观也广泛发育，以清江伏流和腾龙洞洞穴系统最为典型。简而言之，研究区是一个地质公园，具有独特的喀斯特地貌，集山脉、水、洞穴、峡谷等为一体，具有开发地质景观旅游资源的巨大潜力。

值得注意的是，研究区的地形十分零散，特别是清江河道两侧地表坡度、起伏度和切割深度均较大，是典型的碳酸盐岩地区，生态环境极为脆弱，应重视加强生态环境治理和景观资源保护工作。

第四节　地质遗迹资源评价实证研究

一、地质遗迹资源评价方法的选取

德尔菲法（Delphi Method），又称专家意见法，是基于系统的程序，采用匿名发表意见的方式，即专家之间不得互相讨论，不得横向接触，只能与调查人员建立关系，通过多轮次调查专家对问卷所提问题的看法，经过反复征询、归纳、修改，最后汇总成专家基本一致的看法，作为预测的结果。该方法具有广泛的代表性。在地质遗迹资源评价中，德尔菲法主要用在资源评价指标的选取、指标权重的确定以及专家打分过程中的问卷调查环节。

层次分析法（Analytical Hierarchy Process，AHP）是美国匹兹堡大学萨特（A.L.Saaty）于20世纪70年代提出的一种系统的层次分析方法。在旅游研究中，保继刚（1989）最先在国内引进层次分析法，构造了北京旅游资源评价模型树，开创了一种新的旅游资源评价方法，从那时起，这种方法就在旅游业研究中得到广泛的应用。

层次分析法具有系统性、灵活性、实用性等特点，特别适合多目标、多层次、多因素的复杂系统决策。但是由于个人主观因素，简单地应用层次分析法确定权重可能会影响结果的科学性。德尔菲法作为一种主观、定性的方法，通过多轮专家意见的征询、综合并达到一致，不仅可以用于预测领域，而且可以广泛应用于各种评价指标体系的建立和具体指标的确定过程。两种方法的结合可以弥补层次分析法的不足，使评价方案中各因子的选择和权重的确定等各方面更加科学、客观。

二、地质遗迹综合评价指标体系的建立

（一）层次结构模型的建立

旅游资源评价是从合理开发、利用和保护旅游资源，获取最大的经济效益和社会效益的角度对某一地区旅游资源价值和外部开发条件进行综合评价的过程。地质遗迹资源本身价值是指对地质遗迹资源自身品质和丰优程度的评

价，细分起来主要包括地质遗迹资源自然属性评价和价值属性评价。

因此，在确定优选地质遗迹资源评价的因子时，主要从地质遗迹的自然属性、价值属性和外部开发条件三个方面所涉及的因子进行筛选。在评价项目因子的选择过程中采用问卷调查和德尔菲法，通过向中国地质大学（武汉）从事旅游地学、旅游管理学、经济地理学、生态地理学、资源环境学、地质学等研究的教授、副教授、讲师和博士、硕士研究生发放调查问卷，并向所有的调查者进行了三轮的追踪调查，问卷全部收回。在问卷中笔者分别调查咨询各专家关于地质遗迹资源自然属性、价值属性和开发条件所涉及的因子，并要求被调查者分别按各因素的重要性由高到低进行排列，随后对每位专家的问卷进行收回，对问卷结果进行分析总结，综合专家的意见并将所有专家提到的因素按重要性由高到低排列，再把这个排列交由专家进行分析，如有不同意见进行标注，然后将有分歧的问卷打乱顺序随机分发给各专家，如此重复，直至所有专家意见趋于一致为止。

为了避免评价因子过多，标度工作量太大，导致标度专家的不满和困惑，笔者认真分析了问卷的结果，分别选取专家问卷调查结果中所列的地质遗迹资源自然属性、价值属性和开发条件中重要性居于前6位、前5位和前7位因子。

建立的地质遗迹综合评价层次结构模型分3个层次：总目标层（A层）：以"地质遗迹资源综合评价"作为评价的总目标；准则层（B层）：选取地质遗迹资源自然属性、价值属性和开发条件作为综合评价指标；因子层（C层）：在众多评价项目因子中筛选出能突出反映地质遗迹资源质量的评价因子共18个（图2-10）。

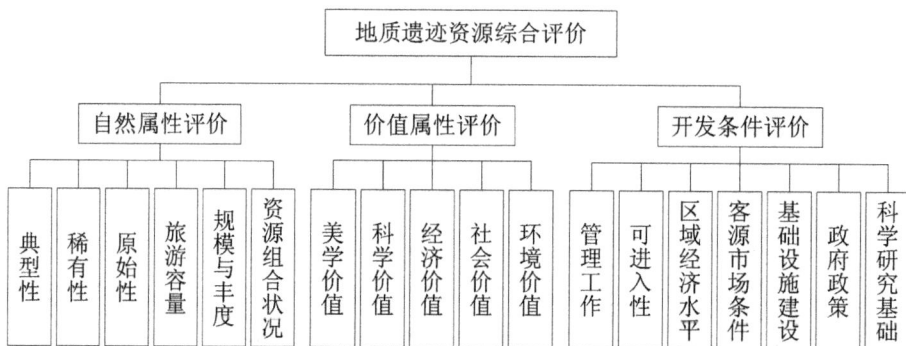

图2-10 地质遗迹资源评价指标结构模型图

（二）综合评价指标体系的建立

1.评价因子权重的确定

确定评价因子的权重，首先必须建立判别矩阵。在判别矩阵中，需要对各层因子进行两两比较，来确定它们彼此之间的相对重要性（表2-1）。

表2-1 因子相对重要性数值表示

相对重要性	极为重要	重要得多	明显重要	稍微重要	同等重要	稍不重要	不重要	很不重要	极不重要
数值表示	9	7	5	3	1	1/3	1/5	1/7	1/9
中间数值		8	6	4	2	1/2	1/4	1/6	1/8

笔者采用德尔菲法来进行专家调查，根据每位专家的意见，最后进行综合，其一致的意见将会被采纳，然后运用层次分析软件进行数据处理分析，得出各因子的相对权重值，并对其单排序。具体原理和做法是：根据同一层n个元素x_1，x_2，$\cdots$，x_n对上一层某元素y的判断矩阵A，求出它们对于元素y的相对排序权重，记为w_1，w_2，$\cdots$，w_n，写成向量形式$w=(w_1, w_2, \cdots, w_n)^T$，称其为$A$的层次单排序权重向量，其中$w_i$表示第$i$个元素对上一层中某元素$y$所占的比重，从而得到层次单排序。最后对其一致性进行检验，若检验结果$CR_{max} \leqslant 0.1$，表明判断矩阵的结果可以接受，反之，要进行判别修正，再进行一致性检验，直到检验结果符合要求为止，进而得出评价体系中各层元素的判别矩阵。

运用软件对数据进行处理，得出准则层中各元素的权重为：$w_{（自然属性）}=0.6334$；$w_{（价值属性）}=0.2605$；$w_{（开发条件）}=0.1062$。同时，CI=0.0193，CR=0.0333<0.1，判别结果可以接受。

"自然属性"下各因子的权重为：$w_{（典型性）}=0.0451$；$w_{（原始性）}=0.3868$；$w_{（稀有性）}=0.0311$；$w_{（旅游容量）}=0.0879$；$w_{（规模与丰度）}=0.1614$；$w_{（资源组合状况）}=0.2877$。CI=0.0564，CR=0.0454<0.1，判别结果可以接受。

"价值属性"下各因子的权重为：$w_{（美学价值）}=0.1343$；$w_{（科学价值）}=0.5028$；$w_{（经济价值）}=0.0678$；$w_{（社会价值）}=0.0348$；$w_{（环境价值）}=0.2602$。同时，CI=0.0607，CR=0.0542<0.1，判别结果可以接受。

"开发条件"下各因子的权重为：$w_{（管理工作）}=0.0262$；$w_{（可进入性）}=0.4286$；$w_{（区域经济水平）}=0.0572$；$w_{（客源市场条件）}=0.1275$；$w_{（基础设施建设）}=0.2196$；$w_{（政府政策）}=0.0379$；$w_{（科学研究基础）}=0.1029$。同时，CI=0.0614，CR=0.0465<0.1，判别结果可以接受。

2.综合评价指标体系的建立

根据以上各因子的权重值和综合评价层次结构模型，结合层次分析法基本原理可知，单排序得到的是各因子的相对权重（即单排序），综合评价结构模型中某因子的绝对权重（即总排序）=该因子相对其上一层的相对权重×上层因子的相对权重。如准则层中"自然属性"的绝对权重=0.6334×1=0.6334；因子层中"典型性"的绝对权重=0.0451×0.6334=0.0285；总目标层的权重为1，准则层和因子层中各因子的权重之和也分别为1。

在得到各因子总排序后同样需要进行一致性检验，经检验，CR=0.08098<0.1，判别结果可以接受。因此，即可建立地质遗迹综合评价指标体系（表2-2）。

表2-2　地质遗迹资源综合评价指标体系

总目标层	准则层	因子层
地质遗迹资源评价指标体系X1	自然属性X_1 0.6334	典型性X_{11} 0.0285
		原始性X_{12} 0.245
		稀有性X_{13} 0.0197
		旅游容量X_{14} 0.0557
		规模与丰度X_{15} 0.1022
		资源组合状况X_{16} 0.1822
	价值属性X_2 0.2605	美学价值X_{21} 0.035
		科学价值X_{22} 0.131
		经济价值X_{23} 0.0177
		社会价值X_{24} 0.0091
		环境价值X_{25} 0.0678
	开发条件X_3 0.1062	管理工作X_{31} 0.0028
		可进入性X_{32} 0.0455
		区域经济水平X_{33} 0.0061
		客源市场条件X_{34} 0.0135
		基础设施建设X_{35} 0.0233
		政府政策X_{36} 0.004
		科学研究基础X_{37} 0.0109

三、研究区实证评价与讨论

根据评价因子度量的含义及影响地质遗迹资源开发的程度，把每个评价因子指标做模糊等级划分，如对资源的典型性可分为非常典型、很典型、比较典型、一般、不典型五个不同等级，不同等级对应不同分数（表2-3）。

表2-3 因子指标级别值

量化值	优	良	中	差	劣
区间值	[100，80）	[80，60）	[60，40）	[40，20）	[20，0）
区间代表值	90	70	50	30	10

根据上述评价指标体系及各评价因子的权重，以湖北恩施腾龙洞大峡谷地质公园的6个次一级景区——腾龙洞、龙门、黑洞、雪照河、恩施大峡谷和七星寨景区组成作为评价单元，设计了湖北恩施腾龙洞大峡谷地质公园岩溶地质遗迹资源评分标准表和调查表。为了方便被调查者更客观地填写问卷，笔者在问卷之后提供了研究区的相关文献和资料，以供被调查者参考。

评价因子均采用以百分制为标准进行模糊评价，通过对专家进行问卷调查，获取各景点每个因子的分值，并对各景区中每个因子的分值进行处理，计算其平均值。然后利用菲什拜因-罗森伯格公式计算研究区地质遗迹资源综合评价值，对于一个总目标E，评价因子P_i（$i=1$，$\cdots$，n）的重要性可用权重Q_i（$Q>0$，$\sum Q=1$）表示，公式如下：

$$E=\sum_{i=1}^{n}Q_iP_i \qquad （2-1）$$

式中：E即地质遗迹资源综合评价值；Q_i为第i个评价因子的权重；P_i为第i个评价因子的评价值；n为评价因子数目。

应用公式（2-1），可得出湖北恩施腾龙洞大峡谷地质公园各景点的地质遗迹综合评价总分（表2-4）。

表2-4　湖北恩施腾龙洞大峡谷地质公园各景区各因子实际得分

因子	腾龙洞	龙门	黑洞	雪照河	恩施大峡谷	七星寨
典型性	2.357	1.867	1.357	1.214	2.294	2.009
稀有性	20.825	15.312	14.087	11.025	18.987	17.763
原始性	1.625	1.527	1.379	1.527	1.428	1.477
旅游容量	4.593	3.758	2.923	3.341	4.732	3.201
规模与丰度	8.434	7.256	4.856	5.367	7.923	5.623
资源组合	14.123	10.478	9.111	8.200	13.212	9.567
美学价值	2.711	2.361	1.924	2.361	2.624	2.52
科学价值	11.460	7.859	8.514	6.876	10.151	9.17
经济价值	1.457	0.971	0.971	0.883	1.369	0.927
社会价值	0.703	0.453	0.431	0.385	0.657	0.431
环境价值	5.084	3.389	3.389	4.406	5.253	3.728
管理工作	0.229	0.167	0.146	0.167	0.202	0.167
可进入性	3.186	2.390	1.821	1.821	3.185	2.390
区域经济	0.349	0.349	0.349	0.349	0.349	0.349
客源市场	1.016	0.745	0.745	0.745	0.948	0.812
基础设施	1.796	1.224	1.166	1.166	1.807	1.516
政府政策	0.322	0.292	0.252	0.252	0.322	0.292
科学研究基础	0.902	0.738	0.738	0.656	0.765	0.601

　　根据《旅游区（点）质量等级评定与划分》（景观质量评分细则）中规定的5级划分法（五级：90～100分；四级：75～90分；三级：60～75分；二级：45～60分；一级：30～45分），将各旅游区进行划分，由此得到各个景区级别类型（表2-5）。

表2-5　湖北恩施腾龙洞大峡谷地质公园各景区综合评价总分及级别

类别	腾龙洞	龙门	黑洞	雪照河	恩施大峡谷	七星寨
评价总分	81.172	61.136	54.159	50.741	76.208	62.543
所属级别	四级	三级	二级	二级	四级	三级

　　本章运用德尔菲法和层次分析法构建了地质遗迹资源综合评价指标体系，在评价体系中，"自然属性"占最大比例，其权重为0.6334，其次是价值属性和开发条件，权重分别为0.2605和0.1062。这表明，对于地质遗迹资源来说，资源的自然赋存情况主导了该资源开发的价值，同时"价值属性"反映了地质遗迹资源的科普功能和开发效益，而"开发条件"也是质量的保证，是地质遗迹资源评价中必不可少的外部因素。

　　从研究区各风景名胜区最后的评价得分中可以得到，腾龙洞和恩施大峡谷景区属于四级风景区；龙门和七星寨景区属于三级风景区；黑洞和雪照河景区属于二级风景区，发展潜力巨大。2014年腾龙洞大峡谷获批为国家级地质公园，可以看出，研究区地质遗迹资源评价的结果与实际相吻合，同时也表明本书运用德尔菲法和层次分析法对地质遗迹资源质量进行评价的方法是可行的。目前湖北恩施腾龙洞地质公园正积极申报世界级地质公园，从发展的角度来看，湖北恩施腾龙洞大峡谷的地质公园，依托研究区资源的赋存情况，随着区域交通条件、知名度的改善和提高，已经具备跻身世界级地质公园的基本条件。

第三章 地质公园旅游总体规划研究

第一节 地质公园特色与发展目标

地质遗迹是珍贵的、不可再生的自然资源，具有资源与环境的双重属性。地质公园是保护地质遗迹的重要途径。地质公园的建设，保护了地质遗迹资源，普及了地球科学知识，促进了经济社会发展，为推进生态文明建设、加强自然资源对生态环境的源头保护发挥了重要作用。国土资源部于2000年开始实施"国家地质公园计划"，为更好地履行保护地质遗迹的职责，加强地质公园管理和规范地质公园建设，规定所有国家地质公园在获得资格后必编制规划，依据规划开展建设并通过评估验收后，才能被正式命名为国家地质公园。本章以湖北恩施腾龙洞大峡谷国家地质公园为例，来介绍地质公园旅游规划的主要内容。

一、地质公园特色

湖北恩施腾龙洞大峡谷国家地质公园拥有清江伏流、腾龙洞洞穴系统、恩施大峡谷和石柱式峰林等立体喀斯特地貌景观，是集科考科普、观光览胜、休闲度假、养生健身、民族文化为一体的自然公园。其特色主要体现在以下四个方面：

（1）地质公园大型的腾龙洞系统发育巨大洞穴通道、厅堂，气势磅礴的清江伏流、地下河，再到天窗、干谷、峡谷等一系列形成演化模式和恩施朝东岩大峡谷1000米高的的峭壁剖面，生动记录了清江岩溶地质地貌和水文地质演化的完整序列，堪称世界上一座最典型的"中国最大的岩溶学博物馆"之一，全球少有。

（2）地质公园内几乎涵盖了中国南方亚热带岩溶地貌类型的系列，包括地表的岩溶峰丛、石柱林、洼地、天坑，峡谷，地下河和洞穴及次生化学沉积物。腾龙洞洞穴空间的浩大，世界罕见，已测量的长度达到59.8km，位居亚洲第二位。"卧龙吞江"是地表水-地下水的转折点，瀑布落差达30m，气势磅礴，气吞山河，惊心动魄。清江伏流实为岩溶科学最具代表性的典型伏流，被引入《岩溶学词典》中，同时也是中国最大的伏流，乃是世界最大的伏流之一。

（3）石柱式峰林主要分布在海拔1500m～1700m的沐抚前山的东侧面，即大、中、小楼门一带，面积约为3km²。据不完全统计，六十二座石灰岩石峰石柱，石柱高20m～285m，直径7m～195m，直径/高的比值小于1，拔地而起，丛列似林，密集广布，形成浩瀚嶙峋挺拔的石柱式峰林。石柱林的岩层中近南北和东西向两组节理纵横交错，构成网格状互相交叉，把石柱切成近四方形，顺着两组交叉的直立节理面将岩石劈开而形成，是一处观赏价值很高的珍贵地质遗迹。

（4）地质公园地处恩施土家族苗族自治州聚居区内，民俗文化多彩绚丽，土家族苗族的饮食、居住、舞蹈、歌曲、服装、婚丧、节日等均具有强大的吸引力，成为人们追新猎奇、参与体验、文化熏陶等重要的旅游目的地。

二、地质公园发展目标

（一）总体发展目标

规划通过实施一系列的创新战略，充分挖掘地质遗迹景观资源的科学性和科普科考价值，开创地质遗迹资源开发的创新模式。近期目标是把腾龙洞大峡谷建成一个集地质遗迹保护、科考科普、地质景观旅游观光和民俗风情文化传承等多功能于一体、与恩施地区旅游协调发展的国内一流的国家地质公园；远期目标是建成世界地质公园和世界自然遗产。

（二）分项战略目标

1.地质遗迹保护发展战略目标

通过严格划定地质遗迹保护区范围，大力开展社区宣传活动和游客教育，加强立法，提高全民保护地质遗迹的自觉性，并对损坏的地质遗迹采取适当措施与保护工程进行修复；遵循"在保护中开发，在开发中保护"的基本原则，严格控制公园游客容量，确保地质遗迹资源开发潜力的延续和有效保护，实现湖北恩施腾龙洞大峡谷国家地质公园地质遗迹资源的可持续发展。

2. 地球科学知识普及发展战略目标

建设和完善地质公园标识标牌和科学解说系统，通过加强腾龙洞大峡谷地质科学研究，不断发掘、提高地质遗迹的科学内涵和科学品位，开发创新地质旅游新产品、新品牌，培育腾龙洞和大峡谷地质科技旅游产品品牌的吸引力，建成全国性乃至国际性科普教育交流基地和地质研学旅游目的地。

3. 旅游产业经济发展战略目标

通过理顺管理体制，加大科技和资金投入力度，提高科学决策管理水平，完善公园基础设施建设，不断扩大客源市场和客源群体，整体提升和促进腾龙洞大峡谷国家地质公园的旅游经济快速发展，建成国内最大的地质旅游目的地之一，促进恩施地区经济的快速发展。

（三）分期发展目标

1. 近期发展战略目标

完成腾龙洞国家地质公园管理局机构的组建，理顺管理体制；以腾龙洞大峡谷地质遗迹保护为核心，通过规范、完善地方法制建设，采取适当保护措施和实施保护工程，使正在受到自然和人类威胁的重要地质遗迹得到有效保护和修复；完成地质公园标识标牌、科学解说系统、信息系统建设，为地质科普科考打下良好基础；完成腾龙洞停车场、旅游环线公路、洞内游步道和恩施大峡谷云龙河地缝二期、女儿寨二期及"龙船调"实景剧场等基础设施建设，为地质公园旅游发展提供动力、创造优良地质旅游精品，促进腾龙洞大峡谷国家地质公园旅游经济的快速发展，把腾龙洞大峡谷初步建设成国内一流的国家地质公园。

2. 中远期发展战略目标

确立和巩固腾龙洞国家地质公园在国内一流国家地质公园的地位，并实现"世界级"的发展目标。在这个时期，地质公园地质遗迹保护体系、旅游开发体系、环境生态体系和管理体系日臻完善成熟，成为一个设施完善、环境优美、功能齐全、保护到位、开发适度、社会经济可持续发展的社会、经济、环境复合系统，最终建设成世界地质公园和世界自然遗产。

第二节　总体布局与功能分区

一、总体布局与空间结构

本规划总体布局以公园内自西向东长约40km、宽约5km的清江及河道两岸为核心地质景观带，涵盖沿线的腾龙洞、清江伏流、响水洞、三龙门穿洞、毛家峡、银河洞、黑洞、雪照河、玉龙洞、见天峡谷、七星寨、云龙河地缝、恩施大峡谷、朝东岩峡谷等立体喀斯特地貌景观，规划形成"一带二心二区四线五区"的总体空间结构布局。

一带：清江沿河地质遗迹景观带。

二心：利川腾龙洞游客服务中心、恩施大峡谷游客服务中心。

二园：腾龙洞园区、恩施大峡谷园区。

四线：三条科考旅游路线、一条中国山地马拉松越野赛路线。

五区：地质遗迹景观区、自然生态区、人文景观区、综合服务区、居民点保留区

二、园（景）区规划

恩施腾龙洞大峡谷国家地质公园横跨利川市和恩施市，且分别由利川腾龙风景区旅游资源开发有限公司和恩施大峡谷旅游开发有限公司经营管理。根据公园内地质遗迹景观和其他景观资源的自然组合、空间分布、地理地貌环境及行政区隶属，同时考虑到地质公园景点的地域组合特点、整体结构的完整性，以及旅游组织的合理性和保护管理的可操作性等因素，将恩施腾龙洞大峡谷国家地质公园划分为两个园区，即利川腾龙洞园区、恩施大峡谷园区。

（一）腾龙洞园区

本园区西起地质公园西部边界距利川市城区约1.6km处，以清江河道为轴

线，经腾龙洞、毛家峡、黑洞、雪照河、见天峡谷，东止利川与恩施县域边界线，面积为98.98 km²。本园区设置腾龙洞地质科普长廊、科普解说标牌、游客服务中心、售票处、医疗室、警务室、卫生间、停车场、购物商店、洞外旅游公路和洞内游步道、电瓶车道等服务设施和交通设施。

本园区以完整的腾龙洞洞穴系统为核心地质遗迹景观。腾龙洞分为旱洞和水洞，洞穴通道总长度达到59.8km。旱洞主洞长8694m，洞宽40m～80m，洞高50m～90m，宽敞宏伟，洞最高处达186m，为国内外所罕见。水洞洞道复杂，有地下河、地下湖、急流瀑布，与地表有多处相通，主要的连通洞口有"卧龙吞江"洞口、响水洞、龙骨洞、银河洞、深潭洞、观彩峡处的明流及一些天窗、落水洞、黑洞洞口及四十八道望江门；此外，还有一些高位洞穴，主要是三龙门洞、玉龙洞和三眼洞等，它们在发育演化历史上是和腾龙洞洞穴系统密不可分的。园区内洞穴类型齐全，洞穴成层性明显，岩溶含水层包气带，地下径流具有统一的岩溶含水体以及补给、径流、排泄条件和边界条件，为一完整的水文地质单元，完整的水文地质系统对水文地质学研究具有重要意义。

（二）恩施大峡谷园区

本园区西起利川与恩施边界线，同样以清江河道为轴线，经七星寨、石柱林、云龙河地缝、大河扁、姚家坪，北至云龙河大坝电站，东止朝东岩峡谷，面积为119.82km²。本园区设置恩施大峡谷地质科普长廊、科普解说标牌、公园主题碑、游客服务中心、售票处、警务室、旅游咨询室、卫生间、停车场、购物商店、旅游公路、中转中巴车、观光索道、观光电梯、游览步道、景区酒店等服务设施和交通设施。

本园区以雄奇险峻的峡谷和典型独特的岩溶石柱林为核心地质遗迹景观。岩溶峡谷在地质公园中占据着很大空间范围，主要分布在清江干流（雪照河）及其支流上（见天河和云龙河），如地表河中形成的朝东岩峡谷、云龙河峡谷、雪照河峡谷、见天峡谷等若干个体量非常巨大，无比壮观的峡谷组成。清江自发源地至恩施清江河段，三条河流最终合并成为清江河，特别是在岩溶化岩层形成上千米深的峡谷景观，气势雄壮、气象壮观。石柱林总体形态类似于张家界武陵源石英砂岩峰林（假岩溶地貌），但此地发育的基岩为石灰岩，分布的地貌部位为峰丛边缘、峡谷两侧。石柱林的岩层中近南北和东西向两组节理纵横交错，构成网格状互相交叉，把石柱切成近四方形，顺着两组交叉的直立节理面将岩石劈开而形成的，是园区中非常珍贵的地质遗迹。

三、功能区划分

本规划依据《国家地质公园规划编制技术要求》，从有利于地质遗迹资源的保护和合理开发利用为出发点，按照不同区域所担负的任务的不同，将腾龙洞大峡谷国家地质公园内分别划分为地质遗迹景观区、自然生态区、人文景观区、综合服务区（含门区、游客服务、科普教育、公园管理功能）和居民点保留区等五大功能区。

（一）地质遗迹景观区

地质遗迹景观区是以地质遗迹景观为主，其他重要自然景观和零星人文景点夹杂分布的区域。依据地质遗迹保护规划中一级及以上保护区的保护范围确定，主要功能是按照保护级别的高低，对地质公园内非常重要的地质遗迹实施保护管理，发挥保护功能。典型地质遗迹景观区有腾龙洞洞穴系统、腾龙洞旱洞、清江伏流、三龙门穿洞、雪照河、黑洞、见天峡谷、七星寨石柱林、云龙河地缝、朝东岩峡谷等，面积为50.2km²。

（二）自然生态区

自然生态区是指除地质遗迹景观区、人文景观区、综合服务区和居民点保留区之外的处于自然环境状态的区域，面积为160.55km²。考虑到地质公园建设不是短期行为，按可持续发展原则，地质公园内将其规划为不属于其他任何分区的土地与水面，主要维护其原生态现状，限制开发为任何用途，为以后的资源利用和开发留有余地；此外，还兼具维护地质公园内的自然属性，提供零星的、偶尔进入的科考与放松的自然游体验的功能。

（三）人文景观区

人文景观区是指在地质公园内具有一定范围的历史古迹、古典园林、宗教文化、民俗风情等游览观光区域，面积为0.14km²。

（四）综合服务区

综合服务区主要包括公园门区、地质广场、博物馆、影视厅和提供游客服务与公园管理的区域，细分为科普教育区和游客服务区，总面积为0.39km²。

科普教育区包括地质科普教育实习基地、地质广场、地质博物馆、科普影视厅、地质公园标识标牌等。主要发挥科研、科考、科普及宣传教育功能。

游客服务区汇集景区票务、游客咨询、游客投诉、医疗服务、邮政服务、团队导游接待、旅游纪念品、停车场、天气及景区游客预报等功能于一体，主要发挥旅游服务接待、商业购物、旅游活动等管理功能，设置在公园大门入口及主要景区的进出入口处。

（五）居民点保留区

居民点保留区指现有的地质遗迹保护区和园区之外的村民居住密度较高的区域，面积为7.52km²。区内包含农田、果园、村庄、水面等多种用地形式，主要用以维持区内原有的乡村风貌，维护地质公园的景观与文化多样性，使其免受旅游所带来的外来文化的冲击，保护村民的原有生活，同时为游客提供乡村游体验。

第三节　地质遗迹资源保护规划

一、地质遗迹保护区的划分及边界确定

恩施腾龙洞大峡谷国家地质公园赋有丰富的地质遗迹资源、历史文化资源和生态环境资源，本规划保护管理分区建立在资源分布、资源评价和游憩利用评价的基础上，避免了资源保护与利用之间的矛盾，使地质公园内保护分区和功能管理分区边界吻合，将保护区直接落实到各功能管理区管理，性质明确，边界清晰，避免了不同分区的边界多重性所带来的混乱。

根据地质遗迹的典型性、稀有性和保护难度，并结合地质公园当前开发建设的实际情况，本规划将腾龙洞大峡谷国家地质公园内的地质遗迹保护规划设置为三个保护级别，分别为一级保护区、二级保护区和三级保护区。

一级保护区为地质遗迹保护难度大、易损性强且地质遗迹典型独特、为国家级及以上的地质遗迹点和点群，面积为50.2km²。

二级保护区为地质遗迹保护难度较大、易损性较强的省级及以上地质遗迹分布区域，面积为43.7km²。

三级保护区为具有地方特色和一定观赏性，且可能受到人类活动和自然因素影响的地质遗迹分布区域，面积为124.9km²。

地质遗迹保护区的界线按一级、二级、三级地质遗迹分布区及遗迹点圈定，并确定拐点坐标。拐点坐标的测定由恩施市自然资源和规划局进行实地测量，测量仪器为高精度（毫米级）GPS。数据读完记录后，同时定桩定位。

二、各级保护区的控制要求与保护措施

（一）一级保护区

一级保护区为地质遗迹保护难度大的区域，是重要地质遗迹分布区，面积以足以保证保护对象不会受到人为破坏而圈定。

一级保护区可以设置必要的游赏步道和相关设施，但必须与景观环境协调，严格控制游客数量，禁止机动交通工具进入。

（二）二级保护区

二级保护区允许设立少量的、与景观环境协调的地质旅游服务设施，不得安排影响地质遗迹景观的建筑；合理控制游客数量。

个别保护难度大的典型地质遗迹点，需设立围栏、警示牌等，保障地质遗迹不因开展旅游活动而受到损害。

（三）三级保护区

三级保护区内允许按规划安排开展科普及旅游活动，但禁止在保护区内开展放牧、采药、采石等活动，未经批准不允许建设大型旅游设施。

三级保护区可以设立适量的、与景观环境协调的地质旅游服务设施，不得安排楼堂馆所、游乐设施等大规模建筑。

三、特殊地质遗迹的保护方案

根据地质遗迹保护规划，腾龙洞大峡谷国家地质公园内需要特别保护的特殊地质遗迹共有10余处，按照保护难度的大小、地质遗迹的价值，分门别类对其制定不同的保护方案。

（一）龙骨洞——第四纪大熊猫剑齿象化石

腾龙洞的支洞龙骨洞内发现了大量的第四纪哺乳动物化石，是确定第四纪该区恢复古气候与古地理面貌的重要依据，既具科学意义又有一定观赏价值，为研究该地区地壳抬升、溶洞形成时代具有重要的科学意义，也是普及地学知识的一个重要窗口。大熊猫化石的发现加深了人们对公园大熊猫的地史分布特征的了解，对于探讨自然环境、古气候变迁以及人类活动对大熊猫的演化和生活的影响有着重要意义。

龙骨洞需要重点严格保护，可采取封闭洞口的措施，严禁盗采和破坏化石的行为，严禁游客和当地居民进入，该洞不可进行旅游开发，未来主要用于地质科学考察和开展洞穴化石研究。

（二）清江古河床-穿洞群地质遗迹

清江古河床是远古时期的清江河道，由于地壳运动和河水的侵蚀、溶蚀作用，河床岩石呈现出各种各样的形状，反映了清江的地质历史变迁。腾龙洞的毛家峡支洞出口处峡谷段中连续出现规模甚大、景观优美的穿洞群，三座穿洞互相连属，十分罕见。3座穿洞的长度分别为：231m、266m和182m，高度多在30m左右，宽度一般为35m，只有"一龙门"的规模稍小一些，3座天生桥沿谷地的连续分布。3座穿洞之间分别为溶蚀洼地和漏斗，"二龙门"和"三龙门"间的漏斗直径为78m，深50m～100m，也可以称为小型天坑，属崩塌成因。在1km范围内既有3个穿洞，又有小型天坑和溶蚀洼地相伴出现，虽然同属岩溶地貌，但又各有特色，充分体现了大自然的多姿多彩。

由于该地区尚未对外正式开放，经常会有徒步驴友和周边居民到此烧烤、游玩，出现了随意踩踏、乱刻乱画、乱扔垃圾等现象，一定程度上破坏了地质遗迹的完整性。这类地质遗迹一方面需要安排专人进行不定期巡查，及时纠正不文明行为，同时对于部分古河床和穿洞设置防护拦网以防止游人进入；另一方面需要科学修建游步道，个别区域要进行架空处理，引导游人远离地质遗迹脆弱地区。

（三）腾龙洞洞穴系统及各支洞出口

腾龙洞是一个庞大的洞穴系统，包括水洞和旱洞。水洞洞道复杂，有地下河、地下湖、急流瀑布，与地表有多处相通，主要的连通洞口有"卧龙吞江"洞口、响水洞、龙骨洞、银河洞、深潭洞、观彩峡处的明流及一些天窗、落水洞、黑洞洞口及四十八道望江门，它们在发育演化历史上是和腾龙洞洞穴系统密不可分的；旱洞主洞长8694m，洞宽40m～80m，洞高50m～90m，宽敞宏伟，洞高度最高处达186m，为国内外所罕见。目前已探明腾龙洞旱洞有两大出口，第一出口为毛家峡（可直通三龙门穿洞群）；第二个洞口为白洞，洞口标高1033m，洞高55m~62m，洞宽34m，高悬于干溪河（银河洞与深潭洞之间的季节性河道）河谷之上60m。整个洞穴系统支洞繁多，现已探得支洞29条，大者4条，长898m~3000m不等。洞内次生化学沉积物遗迹，如石钟乳、石笋、石柱、石幔、边石坝、穴珠等及哺乳动物化石堆积层。

对尚未开发的腾龙洞洞穴系统各支洞要进行封闭保护，并委派专人进行定期巡查，禁止当地居民和游客进入，严防破坏和盗采支洞内各类钟乳石地质遗迹景观的行为。另外在洞穴系统各支洞出口，由于缺乏有效管理，居民随意建房的情况时有发生，有的房屋非常临近支洞出口，一方面存在安全问题，另一方面不利于地质遗迹资源的有效保护，同时在腾龙洞主洞及各支洞上方地表禁止再开展开山取石、修建房屋等建设活动。

（四）云龙河"地缝式"峡谷地质遗迹

云龙河"地缝式"峡谷地质遗迹是恩施大峡谷园区一处非常典型和重要的地质遗迹景观。由于地质构造的切割破坏和水流的下切，形成如刀砍斧切的山间峭壁，云龙河地缝段下部为U型峡谷深达百米，上部峡谷则宽数千米、深达数百米。云龙河为清江上游较大的支流，云龙河峡谷之所以引人注目是因为这是一段"地缝式"峡谷。峡谷长约4km，谷宽20m~110m，谷深60m~160m，谷壁陡立，为典型的U字形峡谷，峡谷上部谷肩处分布数个小型瀑布，谷底水流汹涌湍急。

云龙河地缝地处恩施大峡谷七星寨东侧山坡下和沐抚滑坡体西部的结合处，地势较低，容易受到东西两侧地质活动和人类居民建设活动的影响。因此，应避免在地缝两侧修建大型建筑设施以及开山取石活动，经常性地开展地质灾害检测和评估工作，保障地质遗迹和周边居民的人身财产免遭破坏。

第四节　地质公园科学研究规划

一、课题选择和依据

（一）选题依据

科学研究的原则是以提高地质公园地质、人文、生态资源研究水平及管理政策、方法水平，更好实现地质公园三大理念，是建设和管理好地质公园的基本原则。同时要保证研究经费，抓好研究成果转化。主要围绕资源、保护、科学解说、打造有科学含量的旅游产品、提高旅游效率、保护游客安全以及公园可持续发展等方面设立科研课题，体现前瞻性、实用性原则。为决策者提供科学依据。科学研究应坚持早期介入原则、整体性原则、公众参与原则、可操作性原则、支撑资源保护及发展循环经济的原则等。

（二）课题选择

本次规划以以下八个方面作为优先选题方向：

（1）主要针对世界级和国家级地质遗迹，特别是喀斯特地貌景观在国内外地质演化中的典型性和代表性的分析对比研究；

（2）区内地质遗迹形成演化规律的研究；

（3）对可能影响到区内地质遗迹及其地质景观的自然和人为因素的调研；

（4）地质公园科学解说系统研究（包括解说员培训、地质博物馆、演示厅、解说碑牌、科普读物等）；

（5）地质公园开发与资源环境保护研究（包含科普旅游路线设计、地质公园环境容量调研等）；

（6）地质公园经营管理及市场营销等相关问题研究；

（7）地质公园旅游产品设计与策划和实施问题研究；

（8）地质公园智慧旅游研究（包括腾龙洞大峡谷动态数据库、网站、动态监测系统等）。

二、科学研究计划编制

恩施腾龙洞大峡谷国家地质公园是以岩溶地貌为主要特征，包括岩溶类型和岩溶的结构构造等多种地质遗迹类型、地质地貌景观及优美生态环境的中型综合性地质公园。园区内独特的岩溶地貌组合景观，在地球历史、地貌学、构造学、水文地质学、地层学、地质美学、生态学等领域具有极大的地质遗迹科学研究价值。

（一）近期研究课题

过去虽然对腾龙洞大峡谷岩溶的基础研究工作相对比较多，但对公园地质灾害遗迹对旅游开发利用研究相对较少。因此，近期研究课题重点在于研究可能出现的灾害对旅游安全的影响。

（1）洞穴顶板和洞口岩块脱落、石柱林山头岩块崩塌与滑坡体地质灾害遗迹的稳定性及工程治理措施方案的研究。腾龙洞旅游开发段洞穴顶板和洞口岩块脱落灾害的调查和治理及工程治理措施方案；石柱林与地缝游览路线上的山头岩块崩塌与滑坡体地质灾害遗迹的稳定性及工程治理措施方案研究。灾害对旅游活动可能造成伤害提前预警调查，列入旅游开发投资重要组成部分，将灾害治理，化害为利。这些旅游开发与地质灾害的研究均是重要的地学研究范畴之一，须引起地质公园管理者和旅游开发商高度重视。

（2）编辑出版精美的地质公园画册和导游图

近10年来，有关恩施腾龙洞大峡谷国家地质公园资料众多，且相对深奥，很多专业人士都无法完全弄懂公园内的重要地质遗迹，更遑论普通游客。因此，编撰文字简洁、图文并茂的国家地质公园画册和导游图对了解地质公园美景和旅游发展具有极其重要的科学意义和现实意义。

（3）地质公园智慧旅游建设

按照国家地质公园的建设要求，将恩施腾龙洞大峡谷国家地质公园所有的地质基础资料进行归档，分门别类建立基础数据库，建设数字地质公园。把地质公园数字文档资料通过现代媒体与电子科技技术转换成智慧地质公园，让游客充分了解、参加到保护地质公园建设的行列中来。

（二）中远期研究课题制订

公园中远期地质遗迹研究与开发利用内容包括：（1）喀斯特地区地质公园的生态环境与地质遗迹保护研究；（2）石林景观发展演化与地下、地表水文系统的内在联系研究；（3）地质公园内地质遗迹与国内外类似景观对比研究；（4）数字化地质公园建设研究；（5）如何建立良好的营销与推广体制研究；（6）地质公园区域1：10000区域地质调查研究；（7）恩施腾龙洞大峡谷国家地质公园地质遗迹景观资源开发与资源保护对策研究等。

此外，为深入研究园区内各重要地址遗迹，地质公园可在网站上发布恩施腾龙洞大峡谷项目奖励方案，鼓励高等院校及科研院所乃至全球地学家对恩施腾龙洞大峡谷地质遗迹进行研究。同时，也与腾龙洞大峡谷旅游等相关多学科科学研究提供完整的研究基地和根据课题成果水平每年奖励2~100万元的课题研究费。

三、近期研究计划的实施

（1）地质公园管理局根据近期研究计划，落实年度研究项目计划，经上级主管部门审核批准后，按照相关要求提出招标、委托或合作的具体实施方案，以便科研项目顺利实施。

（2）课题研究参与人员必须是相关学科技术骨干，具有一定科研能力的人员，包括地质学、地貌学、水文地质学、环境地质学和旅游学等相关学科。

（3）投标单位应具有相关资质证明，其项目组成员应具有相关资格和高级专业技术职务。

（4）项目实行课题制，研究经费按项目逐项批准、核定、拨款；项目负责人对项目组织实施、计划执行与完成、经费核算负责。

（5）地质公园管理处负责项目成果的组织评审等工作，按研究计划召开项目评审会，评审组由相关专家组成。

（6）对于其他渠道科研经费获取的科研项目，由地质公园管理处遵行该项目主管单位的要求，协助组织好科研项目的实施。

四、科学研究经费

公园的科研经费主要从以下五个途径获取：

（1）按规定，每年要将公园门票收入的百分之二作为专项科研基金，用于地质遗迹科学研究，由公园科研管理部门负责管理。

（2）公园通过发展旅游产业提高经济收入，自筹配套科学研究费用，保证科学研究经费。

（3）积极向国家、湖北省和国际国内相关科研基金申请研究课题，获得支持地质遗迹基础性研究的科学研究经费。

（4）通过地方财政拨款或政府贷款资助方式，对公园部分重要科学研究提供经费来源。

（5）通过与社会合作的方式保证经费，以保证科学研究水平和质量。

五、科学研究成果出版及转化

（一）科研成果的发布、出版与交流

对科研活动所取得的科研论文成果，根据科研成果的水平，分别选送全国性的核心期刊或省级、市级期刊公开发表；或委托有关出版社公开刊印发行。

加强与多家高校、科研机构合作，定期不定期地进行学术交流活动，或者派人参加其他科研机构、高校的学术交流探讨，组织人员与已建成的湖南张家界国家地质公园、重庆武隆国家地质公园、重庆奉节天坑地缝国家地质公园等相邻的同类型地质公园科研人员进行交流探讨，将各公园的科研成果相互交流和对比，从而使科研成果得以创新，并带动科普教育的发展，提高广大人民群众的科学文化素质。

（二）科学研究成果的转化

公园科研活动必须根据地质公园自身发展的需要来开展，在选题时要优先考虑有利于科学研究成果的转化。要通过成果的转化，来加强公园清江伏流、腾龙洞、石柱林、大谷峡谷等特殊地质遗迹的保护，丰富向公众宣传的公园特有的地球科学知识内容，促进公园地质旅游的发展。

公园科研成果转化的组织管理由公园科研管理部门负责，根据地质公园需求现状，按轻重缓急的原则，制订实施计划，逐一进行成果转化。

科研成果的转化可通过自行投资转化、技术转让、技术开发、技术咨询、技术服务等多种方式进行。

第五节　地质公园解说系统规划

地质公园科学解说系统的架构，包括室内解说设施（地质博物馆、科普电影馆）、户外解说设施（地质公园主副碑、地质公园说明牌、园区说明牌、景点说明牌、道路说明牌）及地质公园音像制品、地质公园丛书、画册和科学导游图等。

一般来说，解说系统实施一至两年后，经过征求游客反映意见与调查结果，根据地质遗迹研究进展及碑牌等设施损毁程度，对碑牌展示内容的科学性、完整性、准确性、易懂性及趣味性，编排方式可看性、艺术性以及造型设计，设置地点适宜性、表现程度等方面进行评估，根据评估结果对解说系统设施进行及时维护或修改、调整与更新。

一、地质博物馆及科普影视厅

（一）国家地质公园地质博物馆

根据湖北恩施腾龙洞大峡谷地质公园地质遗迹的分布特点、峡谷地形地势和旅游设施规划特征并结合旅游区的要素，规划地质博物馆需考虑以下几个基本要求：

A. 需重点展现恩施作为世界著名喀斯特地貌发育区的特色；

B. 能满足地质科学和丰富内涵的布展陈列要求，建筑规模适中；

C. 具有科普教育和艺术享受的功能，有视觉音响效果均好的演示厅；

D. 需要展现地球演化基本知识；

E. 需反映地质公园所在地区的综合资源禀赋。

由于恩施腾龙洞大峡谷国家地质公园地质博物馆的功能设置和建筑外观设计除要能反映其资源特色和地域特色外，还需考虑旅游区与周围环境、与恩施和利川城镇旅游发展布局规划的协调一致。可在恩施州博物馆内修建地质公园博物馆，但鉴于大峡谷、腾龙洞分属于恩施市、利川市管辖，可在恩施腾龙洞大峡谷国家地质公园博物馆的基础上，分别新增利川腾龙洞博物馆和恩施大峡谷博物馆。

（1）选址、规模与建筑风格

规划在利川清江进入腾龙洞园区的河谷附近建利川腾龙洞地质博物馆，在恩施大峡谷游客中心建设恩施大峡谷地质博物馆。

由于地处恩施土家族苗族自治州清江的山谷之中，所有建筑体量都不宜过大。腾龙洞园区距利川市较近，因此腾龙洞博物馆规划占地面积可适当放宽。博物馆配套建设科普长廊、游客中心及综合办公用房。园区整体风格以现代风格为主，兼顾土家民族特色。恩施大峡谷博物馆考虑到远离城镇博物馆建筑以苗家民族特色为主体，建筑规模和形态要与腾龙洞园区博物馆有区别，并配套建设休闲科普长廊、游客中心等功能用房。拟修建的地质公园博物馆在上述规划基本条件要求下，可由恩施州征集建筑设计方案。

图3-1 地质公园博物馆外观设计效果图

（2）布展、演示内容及形式

利用声光电多媒体先进技术，以图片、文字、模型、实物展出等多种形式，介绍公园的自然地理和社会文化背景概况、区域地质演化历史，主要世界级、国家级地质遗迹和地质景观类型和分布、地质科学背景、形成演化机制，公园的科学研究史及研究成果，公园地质遗迹的区域与国际对比及其科学意义，公园的保护、建设与发展，公园的动植物资源、历史文化景观和民俗风情等。

地质博物馆的展示品应包括：地质公园的系列图件，如地质图、遥感影像图、地质遗迹分级保护规划图、交通位置图、导游图、游览路线组织图、总体规划图等；主要地质景观的图片及文字说明；介绍主要地质景观成因的模型、示意图或三维动画演示，如恩施大峡谷和腾龙洞的形成演化过程；实物标本如洞穴沉积物、古生物化石标本、各种矿物标本及相关科学文献和出版物，以及领导专家考察资料；介绍公园历史文化方面的书籍和珍贵文物；独特民俗风情展示厅；并兼顾游客中心的功能，向游客免费提供的宣传资料。

图3-2 地质博物馆展示厅设计效果图

（二）国家地质公园科普影视厅

科普影视厅设立在地质博物馆内，面积200m^2，座位80座，技术等级4D。科普影视厅提供基于GIS的地质公园信息系统，包含地质遗迹和各景观的空间数据和属性数据库、三维动画演示以及信息查询系统等；地质公园资料光盘的播放演示系统等，游客通过与计算机的交互，可以更直观、更直接地获取所需要的信息。其要求是系统运行速度要快，界面明快、大方、简洁，文字介绍准确、简明，便于阅读和理解。演示系统最好能够在公园局域网内发布，以便于数据的更新、系统的维护和升级管理。

演示系统的功能：总体介绍地质公园的特色、位置、交通情况，介绍地质公园园区划分及景区、景点分布，介绍与地质公园相关的地质科学基础知识，对地质遗迹的形成采用三维动画等形式进行模拟以及播放科普录像等。

图3-3　地质公园科普影视厅效果图

二、公园主、副碑及图文说明牌

（一）地质公园主碑

湖北恩施腾龙洞大峡谷国家地质公园主碑设在利川清江进入腾龙洞园区的河谷附近，利川高速公路出口处或者在恩施大峡谷景区游客中心附近，或直接利用山体基岩刻写"湖北恩施腾龙洞大峡谷国家地质公园"大字。

（二）地质公园副碑

湖北恩施腾龙洞大峡谷国家地质公园共设立2块园区副碑，腾龙洞园区副碑设在利川市东城区腾龙洞旅游公路入口合适位置，大峡谷园区副碑设在由恩施城区进入地质公园的开阔区域道路旁，碑文包括中国国家地质公园标徽和园区名称。

图3-4　地质公园副碑设计效果图

（三）地质公园说明牌及园区说明牌

地质公园说明牌与主碑相呼应，设立在园区入口广场的关键位置，概要介绍公园的建设历史、范围、园区划分、人文景观、公园的主要地质遗迹景观特征及其科学意义、美学价值、国内外典型意义等。解说牌用木质材料制作，便于今后内容的更换与调整。解说牌旁侧另设立湖北恩施腾龙洞大峡谷国家地质公园导游牌1块，为旅游者提供导游指南，提供相关部门的详细通信地址和联系电话，方便游客咨询、投诉及获取救援。

园区说明牌是在公园说明牌的基础上进一步对各园景区范围、面积及地质遗迹景观特色的典型意义、美学价值及其重要性的介绍，同时为游客游览观光提供更加详细的引导和服务。园区说明牌设立在副碑旁边，选择与副碑协调的位置建立。说明牌除附有园区说明外，还在其右侧附有园区游览路线及景点分布图。

图3-5 地质公园园区说明牌

三、景点、景物解说牌

湖北恩施腾龙洞大峡谷国家地质公园内共有可供观赏、考察和科学普及的重要地质遗迹景点（物）40处，设置解说牌60块，其中腾龙洞园区28块，大峡谷园区38块，主要分布在两个园区的主要地质遗迹科普游览路线上。解说牌主要对其形态、成因、意义等进行深入浅出的科学描述和解释，同时还包括对其所处位置示意图、照片、名称、类型数据等的描述。解说文字为中英文双语，每个景点（景观）解说词字数控制在150字左右（以汉字计数），最多不超过200字；白话文，文字要求科学、准确、通俗易懂。

解说牌质材以坚固、耐用、方便架设、便于更换为准。架设方式根据景点大小、地形情况，以方便游客能舒服观看为宜，放在最佳的视线范围位置。根据研究工作的深入开展以及解说牌受自然因素腐蚀、损毁程度，长远规划每2年一次对部分解说牌进行更换和修复。

图3-6　地质公园景点解说牌设计效果图

四、公共信息标识牌

湖北恩施腾龙洞大峡谷国家地质公园建立前已是比较成熟的旅游景区，基础设施建设比较完善，重要交通节点已建有部分公共信息标识牌。根据湖北恩施腾龙洞大峡谷国家地质公园近期及长远发展需要，规划近期再新增为地质公园服务的公共信息牌43块，远期将根据地质公园发展需求，每2年一次，适当更新和增加。

（一）新增道路引导牌

（1）公园外围道路引导牌

规划新增10块，分别设立在恩施、利川高速公路互通进出口处、火车站（广场）进出口处、国道与市内重要交通干线交叉处、恩施许家坪机场及板桥镇。

（2）新增公园内部道路引导牌

规划公园内部新增道路引导牌8块，分别设立在连接公园重要地质遗迹的低等级公路岔路口，指引游客顺利到达下一地学旅游景观，这些岔路口分别位于响水洞、庙垭口、高岩、交椅台、卡门、营上、木贡、大山顶。

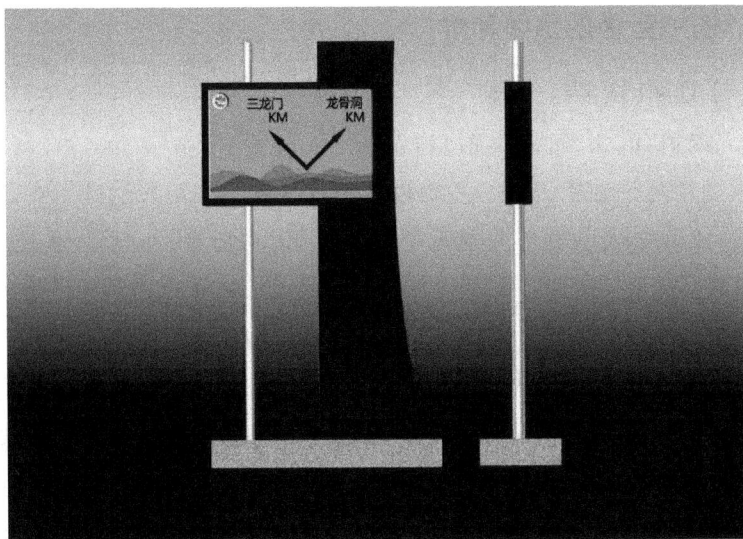

图3-7 地质公园道路引导牌设计图

（二）安全提示牌

规划近期新增安全提示牌9块，其中6块分别设立在清江流域及利川城区周边滑坡崩塌危险较高区、沐抚—营上—堰塘—高台—木贡一带滑坡频发区，地质灾害安全提示；庙垭口、马鞍龙、木贡各1块，弯急坡陡提示。

（三）特级地质遗迹保护点警示牌

规划新增设10块，分别设立在：腾龙洞旱洞（上层洞、石钟乳、化石）、腾龙洞水洞（清江伏流入口、落水洞）、凉风洞（天窗、地下河）、龙骨洞（第四纪大熊猫剑齿象化石群）、毛家峡（洞穴塌顶式峡谷）、三龙门穿洞群（腾龙洞支洞塌顶后形成的、东西线状排列的三个穿洞）、观彩峡（地下河出露口、岩溶湖）、七星寨石柱林（1500m高山上石柱林、石芽、石柱、峰丛、石柱林、地质构造、峡谷及早期洞穴）、恩施大峡谷（深切峡谷，切割深度超过1000m，陡壁剖面）、云龙河地缝（地缝式峡谷）。

（四）服务引导牌

规划近期新增设6块，分别设立在：大峡谷景区入口、大峡谷游客服务中心、龙船调实景剧场、女儿寨、腾龙洞景区入口、腾龙洞景区游客服务中心显眼位置。

五、图书音像的出版和推广

（一）近期出版推广计划

（1）编制出版地质公园宣传片光盘

编辑制作包括地质公园自然地理、园景区划分、地质遗迹景观、地学发展演化史、旅游服务设施等内容的宣传光盘，以动画演示、旁白等方式，制作成向普通游客播放的视频，将其以旅游纪念品的方式赠送给购买门票的游客，并提供给中央及地方电视台播放。

（2）编制出版《湖北恩施腾龙洞大峡谷国家地质公园丛书》

规划依据"国家地质公园开园验收标准"要求，以大型洞穴、峡谷如何形成，喀斯特地貌特点、古生物化石生存环境、清江地质发育史等方面，编写地质公园科普丛书。由专业地质科研单位编写，完成《湖北恩施腾龙洞大峡谷国家地质公园丛书》编制出版，同时在地质公园购物区和省内外新华书店发行。

（3）编制出版地质公园科学导游图

依据《国家地质公园规划编制技术要求》，导游图以游览线路为基础，辅以地质遗迹景观、人文景观、基础服务设施等，由专业平面设计单位制作折叠式的"湖北恩施腾龙洞大峡谷国家地质公园科学导游图"。

（4）编辑出版简要的湖北恩施腾龙洞大峡谷国家地质公园导游指南，介绍公园内主要地质遗迹景点、餐饮、住宿、交通、购物、娱乐及注意事项等。导游指南由专业旅游策划单位编制，通过在购买门票时赠送和宾馆酒店房间赠送的方式进行推广。

（5）优选湖北恩施腾龙洞大峡谷地质公园内最美的地质景观图片，出版发行湖北恩施腾龙洞大峡谷地质景观明信片。

图3-8　地质公园宣传片及画册封面设计图

（二）远期出版推广计划

（1）面向中小学生编辑出版卡通式科普读物《奇妙的洞穴》。

（2）针对湖北恩施腾龙洞大峡谷国家地质公园内重大地质事件，面向初、高中生，编辑出版趣味性、观赏性结合的科普读物《鄂西岩溶大观——恩施大峡谷》。

（3）根据湖北恩施腾龙洞大峡谷国家地质公园内地质科研成果的不断积累，编辑出版《湖北恩施腾龙洞大峡谷国家地质公园科研成果论文集》。

第六节　客源市场与旅游产品规划

一、旅游客源市场调查与推广

（一）客源市场调查

近年来腾龙洞大峡谷国家地质公园接待的游客人数总体呈逐年递增趋势，游客以湖北省内城市、重庆市为主，其次是郑州、成都、长沙等周边城市，同时也辐射到国内其他市场甚至是韩国国际市场。腾龙洞大峡谷国家地质公园在国内其他省市，特别是在沿海地区和国外市场的发展潜力和前景很大。

（1）入境旅游市场定位

以打造国际化、精品化旅游景区为战略目标，入境旅游市场近期重点开发韩国、日本、美国等国家客源市场，以民俗游、地质地貌奇观游、科考游和登山游为主。目前台湾地区市场的渠道已打通，韩国的入境游正在发展，未来市场可能逐步扩展至我国港澳台地区及欧洲和东南亚。

一级市场：港澳台地区、日本、韩国、东南亚、美国等国家和地区。

二级市场：加拿大、德国、英国、法国等欧美国家和澳大利亚。

三级市场：南亚、西亚和南美洲国家

（2）国内旅游市场定位

为瞄准国内市场，全面展示恩施腾龙洞大峡谷国家地质公园壮美的自然风光，提高其知名度和美誉度，巩固华中、西南地区客源市场，吸引更多游客来恩施旅游观光，现根据腾龙洞大峡谷国家地质公园目前的知名度和游客进行分析预测，对国内旅游市场进行定位：未来国内核心客源市场仍以湖北省内和川、渝、湘等西南省份为主；随着旅游的发展，可逐步将其市场扩展至华中地区及长江沿岸的其他省市，作为基础的客源市场；将国内其他地区作为其机会市场。

一级市场：湖北省内、四川、重庆、湖南等西南省、直辖市，以及广东、北京、上海。

二级市场：湖北部分、上海以外的长江三角洲地区、福建、河南、陕西、安徽、江西。

三级市场：北京以外的环渤海地区（山东、天津、河北、辽宁）及山西、内蒙古自治区、甘肃等省份。

（二）地质公园推广计划

（1）加快旅游市场开拓战略的研究与应用

①联合促销战略

规划通过旅行社或其他媒介方式把腾龙洞大峡谷地质公园邻近的、线路相连并具有共同客源市场的旅游目的地联合起来，形成统一的旅游线、旅游圈进行促销，把不同目标层次的旅游群体吸引到同一旅游线上，使腾龙洞大峡谷原来比较单一的旅游群体变成联合的客源群体，实现客源的成倍增长。

②产品营销战略

针对不同的目标客源群体，规划有针对性地设计不同的旅游产品。在原有产品的基础上，重点开发特色科技产品，建立科研基地、实习基地、科普基地。在满足大众群体的同时，满足专家、学者、青少年的科考、探险、求知要求和境外游客的需求，以扩大客源范围。

③分销促销战略

建立广泛的分销渠道，规划在重要目标市场设立旅游办事处，直接进行促销；委托中间媒介代理旅游产品，与专业旅行社共同促销；建立中央预订系统，加入全球分销系统等，逐步扩大客源市场。

④网络促销战略

充分利用旅游信息网络，大力推进网络营销，方便旅游者通过网络制定旅游路线、预订酒店、购买旅游商品和产品、寻找旅游伙伴，从而吸引更多的新客源。

（2）充分利用各种媒介和宣传活动

①充分运用电视、广播、互联网等传播媒介，及时向广大公众、国际社会传播，展示腾龙洞大峡谷地质公园风采、科普教育特色和公园研究成果。

②每年举办一次腾龙洞大峡谷地质公园旅游推介活动，与各地旅游局官员、客源市场地旅行社负责人等加强交流与合作，开展合作推广，实现互利共赢。

③实行公园形象推广。制作腾龙洞大峡谷地质公园卡通吉祥物，将地质公园以轻松的方式传递给公众。

（3）为游客提供入园方便和优质服务

①在周边主要城市建立游客接待中心和旅游班车。通过与当地旅行社和客运公司合作，建立腾龙洞大峡谷地质公园游客接待站，开设旅游专线班车，以方便游客到公园旅游。

②实行地质公园会员优惠制计划，抓住自驾游、自助游等旅游消费市场，以商业运营模式实现与地质公园运作的良好对接；

③在主要交通线路设置广告牌及指路牌。规划近期与相关交通道路管理部门联合，在各大高速及各大铁路、汽车客运站等主要交通枢纽和交叉点设立

指路牌或广告牌，提高公园知名度和影响力。

二、旅游产品规划

（一）一大核心产品——休闲度假旅游产品

目标市场：中、高端市场

资源依托：高山、森林、河流、地质奇观、民族风情等。

产品构成：度假村、度假酒店、主题社区、高尚运动等。

开发要点：以峡谷、溶洞、天坑、地缝等地质奇观为特色，以广袤的森林和山地为载体，以民族文化风情为灵魂，面向中高端旅游市场，从传统观光型开发向深度度假型开发转变。

（二）两大基础产品

（1）自然山水观光产品

目标市场：大众市场、自助游市场。

资源依托：腾龙洞、七星寨、云龙河地缝、卧龙吞江等。

产品内容：大峡谷七星寨观光如"一炷香"景点、腾龙洞科普趣味馆、大龙门观光索道等。

开发要点：把握旅游区地质地貌景观奇特、林海遍布、清江及其沿岸风景秀美的资源特征，深入挖掘其民族内涵，将自然山水洞峡景观与旅游区深厚的巴土文化、少数民族文化相结合，赋予山水资源以文化内涵，丰富山水洞峡景观的游览层次，提升山水洞峡景观资源的旅游品位。

（2）民族风情体验产品

目标市场：大众市场、银发市场。

资源依托：巴人文化、土苗风情、非物质文化遗产。

产品内容：《夷水丽川》、《龙船调》、女儿会、土司城。

开发要点：整合土家族、苗族、侗族等少数民族民俗文化，建设民族民俗、歌舞表演、服饰饮食、宗教信仰、居住交通等方面的民族资源库，以系统化、理论化、规模化的民族民俗资源指导民族创意民俗村、民族美食主题村、恩施女儿会等民歌民俗旅游产品的开发。

（三）三大支撑产品

（1）地质研学科普探险产品

目标市场：专项市场、中青年市场、学生市场、自助游市场。

资源依托：腾龙洞、大峡谷、七星寨、云龙河等。

产品内容：云龙河地缝探险、腾龙洞迷境探险寻宝、溶洞科普馆、朝东岩极限运动基地等。

开发要点：以古代巴人不畏艰险、坚强刚毅的民族性格为精神指引，结合旅游区喀斯特地貌特征与高山林地资源，开发独具文化特征的现代时尚旅游产品，注重产品趣味性和安全性，开展户外培训、素质拓展、溶洞探秘、运动赛事等旅游活动。

（2）美丽乡村休闲旅游产品

目标市场：大众市场。

资源依托：独家寨、化仙坑等。

产品内容：休闲果林、有机茶园、农事体验、农家乐餐饮等。

开发要点：运用全产业链和循环经济的模式构建旅游区乡村休闲系列，以乡村化为抓手、带动风味餐饮、农林种植、特色养殖等相关产业的发展，开展农事体验、休闲果林、有机茶园、茶家乐等。

（3）悠游户外自驾产品

目标市场：大众市场、自驾游市场。

资源依托：大峡谷、腾龙洞、坪坝营、汽车营地等。

产品内容：汽车营地、汽车俱乐部等。

开发要点：在大山顶、朝南村、棠秋湾等景点设置不同风格的自驾车营地；建立汽车租赁网点；完善餐饮、住宿等自驾车配套服务体系。

三、旅游路线规划

（一）一日游路线两条

（1）腾龙洞一日游：利川东北陈家坝→划船至栈桥，步行至售票处，过卧龙吞江→腾龙洞《夷水丽川》→腾龙洞三元厅→返回洞口回利川城区。

（2）大峡谷一日游：大峡谷服务中心→云龙河地缝→索道→七星寨→峡

谷轩酒店→一炷香→母子情深→峡谷春酒店→扶手电梯→返回市区。

（二）二日游最佳路线

（1）腾龙洞精品科普二日游：利川东北陈家坝→划船至栈桥西侧，步行至售票处，过卧龙吞江→腾龙洞《夷水丽川》→腾龙洞三元厅→毛家峡出口→住三龙门→一龙门、二龙门、三龙门→观彩峡、独家寨→筲箕天坑→住利川市区。

（2）大峡谷精品科普二日游：大峡谷游客服务中心→索道→七星寨→峡谷轩酒店→一炷香→母子情深→峡谷春酒店→《龙船调》实景剧场→住女儿寨→云龙河水库→云龙河地缝。

（三）三日游最佳路线

利川市区→乘车至景区售票处，过卧龙吞江→腾龙洞《夷水丽川》→腾龙洞三元厅→毛家峡出口→住三龙门→三龙门→观彩峡、独家寨→筲箕天坑→朝南村→雪照河电站→团堡→《龙船调》实景剧场→住女儿寨→大峡谷游客中心→云龙河地缝→索道→七星寨→峡谷轩酒店→一炷香→母子情深→峡谷春酒店→住女儿寨。

（四）中国山地马拉松越野赛

腾龙洞售票处，徒步经卧龙吞江→腾龙洞三元厅→毛家峡出口→三龙门→观彩峡、独家寨→骑自行车行至黑洞→划船经雪照河至凉桥→骑行经玉龙洞→雪照河电站→徒步上山至小楼门→倒灌水停车场→骑行下山经云龙河璧合大桥→大峡谷游客中心停车场。

第四章　地质公园科普旅游发展研究

第一节　地质公园科普旅游研究现状与经验

一、地质公园科普旅游研究现状

科普旅游是集知识性、教育性、趣味性和娱乐性于一体的新兴旅游形式，是科学技术发展到新阶段的产物，是旅游业的发展逐渐进入高层次的表现。地质公园（Geopark）是以具有特殊地质科学意义，稀有的自然属性、较高的美学观赏价值，具有一定规模和分布范围的地质遗迹景观为主体，并融合其他自然景观与人文景观而构成的一种独特的自然区域。因此，地质公园是科普旅游发展的重要阵地，是提高旅游资源科学品位和科技含量的重要载体。

20世纪九十年代以来，在欧盟的支持下，经由法国和希腊等欧洲地质学家长期的合作与组织，共同携手成立了欧洲地质公园网络。自成立以后，各网络成员都会在每一年的年度网络会议上把他们在科普教育工作方面取得的良好成绩与经验分享给其他网络成员，同时，他们会一起讨论研究地质公园的科普教育宣传工作并且从中寻找一些志同道合的伙伴来共同开展科普宣传活动；欧洲地质公园网络成员会在每年五月下旬到六月初举办欧洲地质公园周年庆祝活动，"科普教育"就成了该项活动中必不可少的活动主题。例如，在2007年欧洲地质公园活动周的举办活动中，除了一些展览之外，还有一项重中之重的内容就是科普教育。在2008年五月份举办了"欧洲地质公园活动周"后不久，爱尔兰科佩海岸地质公园也举办了大型的地质公园科普教育宣传活动，不过参加此次讲座活动的都是那些对地质遗迹充满无限热情而没有实质地学背景的普通游客。另外，地质公园网络还开展了野外实地参观、体验的科普活动，增强游客的互动性，不仅让游客欣赏到了优美的自然景观，还让感兴趣的游客们了解了地质遗迹、岩石的基础知识，同时也提高了他们野外考察的能力，这对他们而言也是一项比较意外的收获。

美国国家公园包括美国大峡谷国家公园能够发展到现在，不管是从旅游开发、资源保护，还是人才管理方面都是相当成功的，被称为国际典范。美国是最早保护地质遗迹的国家。美国把公园当作一项重要的工作进行统一管理，公园系统也是通过10个地区的机构直接管理，然后由国内事务部进行统一负责，其权威性众所周知，这种管理方式就不会存在以盈利为目的，而不注重保护遗迹的现象。它的最终目的还是保护地质遗迹及其他资源，除此之外也会提供一些不会对大自然造成伤害的休闲娱乐活动等，这样就不会导致那些建设性的项目被损坏，并且还可以正确地引导游客的行为，使地质公园景观更加规范化、法制化。

在我国地质公园蓬勃发展的同时，也存在很多问题，诸如"重评选、创收，轻保护、科普"等。最为典型的是2013年1月，联合国教科文组织向中国三大世界地质公园——湖南张家界、江西庐山和黑龙江五大连池给予"黄牌警告"，原因是"向公众科普地球知识"等方面有所不足。这次事件为我国地质公园的建设与发展敲响了警钟。党的十六大以来，我国旅游业发展令人瞩目，国民人均年出游率从不到一次发展到超过两次，大众旅游时代已经到来。党的十八大确立了科学发展观的指导思想，新时期新阶段我国旅游业要想保持持续、稳定和较快发展，必须牢牢把握科学发展主题，转变发展方式主线。作为一种科学品位和科技含量较高的地学旅游资源综合体，开展以获取知识为目的的"科普旅游"是地质公园旅游可持续发展的突破口，我国地质公园进入了由数量增长向内涵扩展和科学发展方向转移的新时期。

我国地质公园自开建以来，发展迅速，专家学者们从资源评价、旅游开发、线路设计、顾客满意度等多方面对地质公园进行系统的研究。随着科技的进步，人们文化素质的普遍提高，地质公园的科普旅游逐步开始受到人们的关注。如：国土资源部颁布的《中国国家地质公园建设工作指南》明确指出普及地学知识是建立地质公园的主要目的之一；国土资发〔2008〕126号文件中，更是强调了地质公园科学普及问题：地质公园亦可申报国土资源科普基地。可以看出为了更好地保护地质遗迹，加快地质公园旅游发展，开展科普旅游成为地质公园建设的重中之重。经过文献研究发现，我国学者对地质公园科普旅游的研究主要表现在三个方面：

第一，关于国外特别是美国国家公园科普旅游建设发展的经验介绍。如美国十分重视各类公园的管理和建设工作，通过建立集中统一的管理模式，确立资源永续利用的原则，强化政府规划和约束机制等方式加强公园的建设和管理。美国国家公园解说兴起历时上百年，所带来的启示包括：对解说的价值应有充分认识、解说最重要的目的是保护、以解说进行教育以及发展解说项目应因地制宜。

第二，关于国内地质公园科普旅游的个案与对策研究。如彭华（2005）等以丹霞山世界地质公园为例对丹霞地貌区的科普旅游开发进行了探讨，认为目前丹霞地貌区开发科普旅游需与观光旅游相结合，提升观光旅游品质的同时，谋求科普旅游的深层次发展；林明太（2008）对地质公园科普教育系统的构成进行了分析，并以太姥山国家地质公园为例指出目前地质公园科普教育存在的问题，并分析了这些问题产生的原因，提出具体解决对策；杨廷锋（2009）对中国喀斯特旅游地质资源的科普价值、开发现状及存在的问题进行分析评价，并在此基础上提出了喀斯特地质科普旅游的开发对策；董晓英（2010）通过建立科普旅游游客感知测评指标体系，对翠华山园区科普旅游游客感知进行定量分析，了解游客感知状况以指导地质公园科普旅游开发。

第三，关于地质公园科普旅游专项研究。首先是开发模式研究：如陈锐凯、钟学斌和孙志国（2010）在分析咸宁岩溶地质资源的基础上，针对旅游者学历高低、年龄大小等不同提出了初、中、高级科普旅游开发方式和内容；于雪剑、杨晓霞和程永玲（2012）提出并分析了我国国家地质公园的乡土科普教育、教学实践科普教育和普通游客科普教育3种科普旅游开发模式。其次是科普载体或项目研究。如施广伟（2010）利用模糊数学和Dijkstra算法进行地质公园地质科普旅游线路设计研究；钱洛阳（2009）和王艳（2010）对地质公园科普解说系统构建问题进行了探讨，武媚（2012）引入国外服务质量评价模型（SERVQUAL模型量表）对地质公园旅游解说服务质量进行测评并提出对策；屈天鸣（2011）和梅耀元（2011）则分别探讨了地质公园博物馆设计和导游解说问题。

二、欧洲地质公园科普旅游成功经验

欧洲地质公园网络的科普工作主要分为"硬件"和"软件"两个部分。其中"硬件"主要涉及地质公园科普宣传中心的"地质博物馆"，在馆内设计科普旅游线路以及实地参观基地，并且成立科普宣传工作小组带领和引导游客实地参观和体验科普活动，增强游客的互动性，让游客真正领悟到地质公园的科学内涵。他们主要从"软件"展开，相关做法及成功经验如下：

1.研制科普工具，交流地球遗产

欧洲地质公园网络大部分工作人员都会根据自己的兴趣爱好去制作一些独特的主题教学软件和出版一些宣传册、海报、邮票、明信片作为自己的科普工具以及出版物，并且通过网络的宣传途径对其进行宣传推广。为了让其他国家的游客能够更好地去了解地质公园科普旅游，这些科普工具、出版物以及旅游宣传品将会以不同的版本呈现在大家面前。除此之外，最值得借鉴的就是欧洲地质公园网络成员会开发不同版本的科普教材提供给不同年龄阶段的人群使用，尽可能去满足所有人群的需求。例如，他们特意为孩子编制了儿童读物，而且都是以孩子们所喜欢而且可以接受的卡通图画的形式进行阐述地质公园的地质构造和发展，其主要目的是让幼儿园的儿童从小开始熟悉欧洲历史；同时也编制了独特的学生手册供中小学的学生使用，让读者熟悉地质工程，从而更加全面地去了解历史、认识历史，并且让历史走进每个人的心里。

2.设立游客信息站，传递地学知识

欧洲地质公园网络成员将宣传品、海报、书籍、博物馆配套产品等各类产品展示在每个地质公园最显眼的地方作为游客信息站供游客欣赏，宣传地质公园科普旅游活动以及工作计划。同时，介绍欧洲各地质公园近期即将举办的活动，以及其网络成员联合组织的地质遗迹保护与科普宣传联合行动。将这些信息传递出去的目的是希望人们在观光旅游的过程中对地质公园的地质遗迹保护有一个全新的认识和了解。

同时，为了满足地质公园科普工作人员的发展需求，欧洲地质公园网络成员分别在每个地质公园设立了职业教育培训中心，在2007年春季，莱斯沃斯

石化森林地质公园和德国贝尔吉施-奥登瓦尔德山世界地质公园联合开办了3个月的"化石保护和保育技术"培训课程。这些培训课程主要介绍了地质遗迹和地质遗址、保护地质公园等等。还有一些地质公园也在因地制宜地实施开展野外实地实践课程，其目的是让科研人员、技术人员、管理人员以及当地的企业能够更好地去认识和保护地质公园的地质遗迹，特此为上述人员开办了一系列关于地质公园的特殊培训课程。同时，活动举办方还特意印刷了宣传册以及卡通画册免费向游客发放，其目的是让游客能够更加详细的了解有关地质方面的信息，让科普知识真正地走进游客心里。

3. 与学校建立联系，普及地学知识

欧洲地质公园网络的工作人员经常会与一些高等教育学校的相关研究专家开展研讨会，从而形成了自己的人际圈，此外，他们共同发起倡议建议年轻一代能够更好地去了解自己所在的地域。同时，这些地质公园的科普工作人员会与周边学校的老师取得联系，与老师一起制定一些有关科普活动主题的实践考察活动，针对科普宣传活动协助所参与班级的老师开设前期的培训课程。与此同时，还帮助学校师生准备具体的活动事宜（如食、宿、行等），然后在周边的中小学举办科普宣传活动。举办这些活动不仅是为了让师生能够更好地去了解地质公园的地质地貌，同时也更好地宣传了地质公园和地质公园地质遗迹。这些成功的事例足以能让我们感受到欧洲地质公园是如何走在世界的最前面。例如，在2007年与2008年间葡萄牙纳图特乔地质公园面向周边地区学校师生开展了"地质公园科普项目"。主要分为以下几个阶段实施。

第一阶段主要是开展野外考察活动，主要对象是针对12～18岁的学生。野外考察的科普内容有"地质遗迹""历史地理""自然科学"等课程。在此次活动中的校外指导老师就由纳图特乔地质公园的工作人员担任，其主要任务就是负责观察学生们在整个野外考察过程中的表现。

第二阶段主要是为在野外实地考察的学生提供科普教育的录像、书籍以及实地考察手册使用。

第三个阶段是针对小学生（5～11岁）、中学生（12～15岁）、高中生（15～18）开展一系列科普教育宣传活动，并且为学生们分发科普宣传资料以及提供科普实践场地。另外，纳图特乔地质公园还推出了一系列科普教育宣传活动。例如，在该地质公园地区内的学生可以凭借学生证享受门票半价折扣。纳图特乔地质公园科普教育宣传的方式是为了让学校师生们能够真正地去了解、去认识地质公园，也让地质公园走进了学校，同时也走进了每个人的心里。

4.借助网络媒体，宣传地质遗迹价值

在欧洲的各个地区，地质公园科普旅游宣传的一个最主流方式就是地质公园科普网站。然而，为了扩大地质公园的知名度与影响力，欧洲地质公园网络也会借用一些网站、微博、电视等大众媒体传播方式来宣传地质公园的地质遗迹保护与保育。虽然每个地质公园网络的组织设计风格有所不同，但是其本质内容都是以"科普"栏目为主，并且将其作为一级栏目设置在网站的主页上。像有些地质公园会针对青少年和儿童的需求在科普栏目下分级设置"青少年科普""儿童科普"类别。

第二节　地质公园科普旅游评价指标体系

一、评价指标因子的选取

评价是否准确、科学，评价因子的建立至关重要。本文采用层次分析法（AHP）来构建地质公园科普旅游综合评价指标体系，在进行评价指标因子选取时，遵循系统性、层次性、代表性和重要性的标准和原则来选择评价因子。本书在选取评价因子时，一方面参考了国土资源部《中国国家地质公园建设工作指南》（2006年）、《国家地质公园规划编制技术要求》（2010）、《国家地质公园建设标准》和《国家地质公园资格验收标准》等文件精神；另一方面运用德尔菲法和问卷调查的方式向地质学、旅游地学、地质公园与地质旅游等领域的专家学者开展调查访问，最终确定了地质公园科普旅游综合评价的8大指标、20个评价因子（见图4-1），这8大指标分别是地质博物馆、解说标识牌、科普影视馆、地质公园网站、地学科普书籍、导游科普解说、地学科普线路、地学科普活动等。

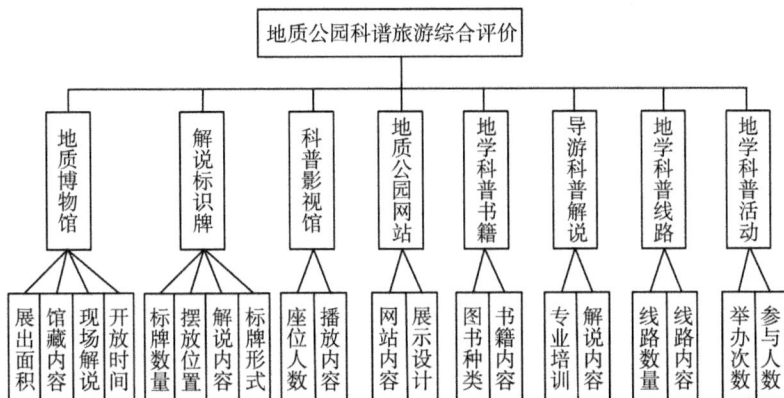

图4-1 地质公园科普旅游评价指标模型

二、评价指标因子权重的确定

在层次分析法中，判别矩阵的建立可以确定评价因子的权重。在判别矩阵中，有必要比较各层因素以确定这些因素的重要性。通过对专家进行调查，结合大部分专家的意见，然后使用层次分析软件对数据进行处理分析，得出每个因子的绝对权重。然后运用层次分析软件进行数据处理分析，得出每个因子的相对权重值。其具体做法：根据同一层n个元素x_1，x_2，x_3，$\cdots$，x_n相对上一层某元素y的判别矩阵A，求出他们相对元素y的相对排序矩阵。记为w_1，w_2，w_3，$\cdots$，w_n，称其为A的层次单排序权重向量，其中w_1表示第i个元素对上一层中某元素y所占的比重，从而得到层次单排序。最后将对其一致性进行检验，若检验结果$CR \leq 0.1$，表明判断矩阵的结果可以接受，反之，其结果要进行修正，直到检验结果符合该要求为止。

根据综合评价指标和各因子的权重值，结合层次分析法的基本原理，对各个因素进行综合排名后，还需要进行一致性检验，经检验，$CR<0.1$，判别结果可以接受。因此，即可得出各评价指标因子的权重（表4-1）。

表4-1　地质公园科普旅游综合评价指标因子权重

指标明称	指标权重	评价因子	因子权重
地质博物馆	0.15	展出面积	0.0375
		馆藏内容	0.0375
		现场解说	0.0375
		开放时间	0.0375
解说标识牌	0.15	标牌数量	0.0375
		摆放位置	0.0375
		标牌内容	0.0375
		标牌形式	0.0375
科普影视馆	0.1	座位数量	0.05
		播放内容	0.05
地学科普书籍	0.1	图书种类	0.05
		书籍内容	0.05
地质公园网站	0.1	网站内容	0.05
		展示设计	0.05
导游科普解说	0.15	专业培训	0.075
		解说内容	0.075
地学科普线路	0.1	线路数量	0.05
		线路内容	0.05
地学科普活动	0.15	举办次数	0.075
		参与人数	0.075

三、评价指标因子的无量纲化

在对地质公园科普旅游的综合评价中，每个评价指标都有其自身的维度，无法比较。因此，为便于评估，在确定了评价指标体系后，要对其中的评价指标进行无量纲化处理（见表4-2），以使评价具有统一的评价基础。

表4-2　地质公园科普旅游评价指标因子的无量纲化

指标名称	评价标准	分数	权重
地质博物馆	博物馆展出面积：>1200m²	100~90	0.0375
	博物馆展出面积：1200~1000m²	90~70	
	博物馆展出面积：1000~800m²	70~50	
	博物馆展出面积：<800m²	50~0	
	馆藏内容丰富、形式多样，充分体现了地质公园特色	100~80	0.0375
	馆藏内容比较丰富、形式较单一，基本体现地质公园特色	80~50	
	馆藏内容过于简单，无法体现地质公园特色	50~0	
	提供的现场解说内容详细、生动、具有科学性	100~90	0.0375
	提供的现场解说内容较详细、较生动、具有一定科学性	80~50	
	提供的现场解说内容不详细、不生动、不具有科学性	50~0	
	每天开放时间：>8个小时	100~90	0.0375
	每天开放时间：8~6个小时	90~70	
	每天开放时间：6~4个小时	70~50	
	每天开放时间：<4个小时	50~0	
科普影视馆	座位数量：>100座	100~90	0.05
	座位数量：100~90座	90~70	
	座位数量：90~80座	70~50	
	座位数量：<80座	50~0	
	播放内容典型并且体现了地质公园内地质遗迹的特色且满足科普要求	100~80	0.05
	播放内容比较典型，基本能够体现地质公园内地质遗迹的特色和科普要求	80~50	
	播放内容不典型，不能体现出地质公园内地质遗迹的特色，不能满足科普要求	50~0	
解说标识牌	解说牌数量：>70个	100~90	0.0375
	解说牌数量：70~60个	90~70	
	解说牌数量：60~50个	70~50	
	解说牌数量：<50个	50~0	
	位置合理	100~80	0.0375
	位置基本合理	80~50	
	位置不合理	50~0	

续表

指标 名称	评价标准	分数	权重
解说标 识牌	内容丰富，有2种及以上其他国家语言，能够展示了对应地质遗迹的地学科普知识	100~80	0.0375
	内容比较丰富，有1种其他国家语言，基本能够展示对应地质遗迹的地学科普知识	80~50	
	内容过于简单，只有中文，无法展示对应地质遗迹的地学科普知识	50~0	
	风格和样式规范统一，容易维护更新	100~80	0.0375
	风格和样式比较规范，比较容易维护更新	80~50	
	风格和样式不够规范，不易更新维护	50~0	
地学科 普书籍	地学科普书籍种类：>5种	100~90	0.05
	地学科普书籍种类：3~5种	90~70	
	地学科普书籍种类：2~3种	70~50	
	地学科普书籍种类：<2种	50~0	
	地学科普书籍内容：内容翔实，图文并茂，科学性强	100~80	0.05
	地学科普书籍内容：内容比较翔实，搭配少量图片，具有一定科学性	80~50	
	地学科普书籍内容：内容简单，只有文字，科学性不强	50~0	
地质公 园网站	内容丰富完整，游客能够了解该公园的背景、景观	100~80	0.05
	内容比较丰富，游客基本能够了解该公园的背景、景观	80~50	
	内容过于简单，游客不能够了解该公园的背景、景观	50~0	
	形式新颖美观，图文并茂，提供视频资源	100~80	0.05
	形式比较美观，搭配少量图片	80~50	
	形式不够美观，只有文字	50~0	
导游科 普解说	全部导游员参加了地质公园导游的专业培训	100~80	0.075
	部分导游员参加了地质公园导游的专业培训	80~40	
	导游员没参加过地质公园导游的专业培训	40~0	
	导游解说内容准确，通俗易懂，科学性强	100~80	0.075
	导游解说内容基本准确，具有一定科学性	80~40	
	导游解说内容过于简单，不生动，科学性不强	40~0	

指标名称	评价标准	分数	权重
地学科普线路	地学旅游科普线路数量：>5条	100~90	0.05
	地学旅游科普线路数量：5~4条	90~70	
	地学旅游科普线路数量：3~2条	70~50	
	地学旅游科普线路数量：<2条	50~0	
	科普线路内容科学合理，涵盖了地质公园的主要地质遗迹景观	100~80	0.05
	科普线路内容基本合理，基本涵盖了地质公园的主要地质遗迹景观	80~50	
	科普线路内容不够合理，没有涵盖地质公园的主要地质遗迹景观	50~0	
地学科普活动	每年举办活动次数：>5次	100~90	0.075
	每年举办活动次数：4~3次	90~70	
	每年举办活动次数：2~1次	70~50	
	每年举办活动次数：<1次	50~0	
	参加活动的人数：>500人	100~90	0.075
	参加活动的人数：500~400人	90~70	
	参加活动的人数：300~200人	70~50	
	参加活动的人数：<100人	50~0	

第三节　地质公园科普旅游实证评价

一、研究区概况

湖北木兰山国家地质公园位于湖北省武汉市黄陂区以北约30km的木兰山地区，靠近武汉市黄陂区的滠口镇、天河镇。武汉天河国际机场位于境内，岱黄路、汉施路、机场路三条高等级公路直接通往武汉市区，还有318、107国道和3条省市干线通过县内。地理坐标为东经114°15′~114°30′，北纬31°00′~31°10′，总面积约340km²，规划面积72km²。

　　木兰山国家地质公园是典型的以变质岩为主体地质遗迹的公园，木兰山蓝片岩是长达1700km的秦岭—大别—苏鲁蓝片岩带的重要组成部分。在这里蓝片岩保存完好，伴有红帘石片岩，双模式火山作用十分显著，还有强烈的构造变形、明显的变形周期和极好的岩石露头。不仅如此，公园北侧还出现了大量不同类型的高压、超高压榴辉岩。高压蓝片岩、高压、超高压榴辉岩及其相关的各种地质现象是见证华北陆块与扬子陆块碰撞、洋壳消亡的地质遗迹。这次板块碰撞不仅造就了秦岭—大别—苏鲁碰撞造山带和高压、超高压变质带，而且还使之成为中国中、东部地区南、北地质构造、岩浆活动、地球物理、成矿作用乃至自然地理分野的一道长垣，对研究大别高压、超高压变质具有重要的地质意义，这是研究我国地质演化史的关键领域，也是第30届国际地质大会的关键现场调查路线之一，科研价值突出。

二、研究区科普旅游实证评价

　　根据前文所建立的地质遗迹综合评价指标体系，本书均采用百分制为评价标准对评价因子进行模糊评价，通过调查问卷的方式对专家进行调查，最终得出木兰山地质公园各个部分的分值，并对分子的分值进行二次处理，计算其平均值。然后利用菲什拜因—罗森伯格公式，计算地质公园科普旅游综合评价值，对于总目标E，评价因子P_i（$i=1$，…，n）的重要性可用权重Q_i表示（$Q>0$，$\sum Q=1$），公式如下：

$$E=\sum_{i=1}^{n}Q_iP_i \qquad (4\text{-}1)$$

　　式中，E为木兰山地质公园科普旅游的综合评价值；Q_i为第i个评价因子的权重；P_i为第i个评价因子的评价值；n为评价因子数目。

　　根据上述公式（4-1），可得出木兰山国家地质公园各个因子的实际得分及综合评价总分（表4-3）。参照《旅游区（点）质量等级评定与划分》（景观质量评分细则），将地质公园科普旅游发展采用五级划分法（五级：90～100；四级：75～90；三级：60～75；二级：45～60；一级：35～60），最后得出木兰山地质公园科普旅游的级别为三级。

表4-3　木兰山地质公园科普旅游各项指标及综合评价得分

指标明称	评价因子层	各因子权重	各因子分值	评价项目总值
地质博物馆	展出面积	0.0375	3.4125	10.35
	馆藏内容	0.0375	2.8125	
	解说质量	0.0375	1.5	
	开放时间	0.0375	2.625	
科普影视馆	接待人数	0.05	3.5	6.50
	播放内容	0.05	3	
标识牌建设	解说牌数量	0.0375	1.5	11.40
	摆放位置	0.0375	3	
	内容齐全	0.0375	3.375	
	图文并茂	0.0375	3.225	
科普书籍	书籍数量	0.05	2	6.50
	书籍内容	0.05	4.5	
地质公园网站	内容丰富	0.05	3	6.50
	形式美观	0.05	3.5	
导游解说	专业培训	0.075	4.5	7.50
	解说内容	0.075	3	
地学科普线路	线路数量	0.05	3.5	8.00
	线路内容	0.05	4.5	
地学科普活动	举办次数	0.075	5.25	8.70
	容纳人数	0.075	3.45	
项目评价总分		65.45		
公园所属级别		三级		

三、木兰山科普旅游发展的对策与建议

1. 科学合理规划，建设优质公园

无论是国家地质公园还是世界地质公园，科学的规划和合理的开发都是一个好的开始。参照国家地质公园建设标准以及地质公园科普旅游评价标准，对木兰山地质公园科普旅游的各项指标进行了综合评价，从结果可以看出，虽然科普影视馆和地质博物馆所占的比重相对较高，但还有一些不足仍需要不断完善。为了让地质博物馆能够营造出良好的教育环境氛围，在地质博物馆场馆的设计中应充分考虑地质景观的特征，并且在环境展示环节包含更多地质景观元素。准确把握空间设计节奏，满足游客的心理需求，使游客在旅途中达到心理平衡。同时，有必要不断更新和完善解说牌的内容，并配备易于理解的中英文介绍，力求让每一位游客都能理解。其次，必须继续扩大科普影视室的接待数量，更新广播内容，努力使电影内容更加全面。

2. 设立宣传基地、开展科普活动

首先，木兰山地质公园需要建立一个特殊的科普实践基地，并免费向中小学生开放，不定期举办科普旅游促进活动，以不时地促进和教育未成年人，培养学生的实践和创新能力，从而实现理论与实践的结合。其次，在木兰山地质公园地质博物馆外为参观者提供现场参观和体验科学活动，增进参观者的互动，增加参观者学习科普知识的兴趣，参观者不仅可以享受美丽的自然景观和丰富的历史文化氛围，还可以体验并欣赏地质公园的科学内涵。此外，还应该借鉴欧洲地质公园的成功经验，地质公园工作人员与学校合作开展科普宣传活动，将科普知识纳入学生的第二课堂，并让知识进入校园，不仅能加深师生们对地质公园的印象，同时还大力宣传了地质公园和地质遗迹。

3. 设立专项资金、确保工作开展

通过借鉴国外地质公园设立专项资金的成功经验，木兰山地质公园的管理者也可以单独设立地质公园科普教育专项资金，这些资金主要用于木兰山地质公园的科普研究，制作旅游宣传资料和汇编一些适合中小学生和儿童的科普教科书、儿童科普书，与相关高校、科研院所合作，引进科普专业人士加盟，以确保科普主题活动的正常开展。同时，需要对木兰山地质公园的管理人员和

服务人员进行专业教育、培训和考核。只有通过专项考核并获得导游资格证书的人才有资格从事地质公园科学导游工作。

4. 营销地质公园，发挥科普功能

随着社会的不断发展，网络已经走进千家万户，成为人们生活中不可缺少的一部分。现在最好的宣传渠道就是媒体，互联网、电视、广播、报纸、书刊是人们生活中使用频率最高的媒体。因此，地质公园管理者首先需要做的是在国内一些知名网站或平台上做一些有针对性的科普宣传，如百度、新浪、搜狐、腾讯、QQ、短视频等，充分利用国家地质公园门户网站的作用，来吸引众人的眼球。同时，对于那些不爱上网或不方便上网的群体，可以通过广播电视传递一些科普宣传短片。此外，还可以设立地质公园科普专栏。每期都宣传一个地质公园，让地质公园真正走进千家万户，让世界上更多的人了解它。同时，也可以利用报纸、书刊来宣传科普。在这方面，可供参考的书刊、报纸有：《中国国家地理》《中国地学》《中国国土资源报》等，为地质公园的普及做出了巨大贡献。

四、讨论与展望

科普旅游在我国的实践发展很早，但相关研究相对落后。作为一个新生事物，我国地质公园的研究成果大多是在2000年国家地质公园规划出台之后，理论研究滞后于地质公园建设的实践。地质公园科普旅游的建设与发展还处于探索阶段，特别是对地质公园科普旅游的基本原理、方法、措施、实施规划和评价还没有形成统一的认识。案例研究和基于问题的对策定性研究已成为我国地质公园科普旅游研究的主体。地质公园科普旅游的建设与发展是一项系统工程，其评价受到诸多因素的制约。在专题研究和引入数学模型定量研究的基础上，探索地质公园科普旅游开发与评价体系将成为今后理论研究的发展趋势。

从发展的角度来看，随着研学时代的到来以及旅游业的快速发展，科普旅游业已经成为旅游业一个不可或缺的组成部分。因此，地质公园的建设和发展离不开科普工作，科普工作已成为维护地质公园的生命线。因此，只有充分挖掘地质公园地质景观的科技内涵，才能提高旅游地质资源的品位，增强产品的吸引力，从而为旅游业注入新的活力，满足游客的心理需求，同时带来经济效益。有了经济效益，才能更有效地保障地质遗迹保护和地质公园建设，加大科普投入，实现创建地质公园的目的和宗旨。

　　需要指出的是，地质公园科普旅游是一项系统工程，需要高度的创新和持续的改进。随着地质公园的建设和发展，一系列新的理念、措施和方法将不断涌现，将极大地促进地质公园科普旅游的快速发展。我们有理由相信，未来的地质公园将会在"公众科学知识普及"领域起着越来越重要的作用。

第五章　国内外地质公园成功经验与启示

第一节　美国国家公园的成功经验与启示

一、美国国家公园概况

美国国家公园（United States National Parks）是美国最宝贵的历史遗产中的一个，它作为美国人的公共财产得到管理，并为让后代享用而得到保护维修。美国利用国家公园保护国家的自然、文化和历史遗产，并让全世界通过这个视窗了解美国的壮丽风貌、自然和历史财富以及国家的荣辱忧欢。美国国家公园管理局隶属美国内政部，除了指定国家公园，国家公园管理局还监管着美国50个州的纪念地、战场和其他遗址。美国内政部长负责在美国国内确定可纳入《世界遗产名录》的地点并提出申请。截至2019年12月，美国已有拥有24项世界遗产，其中11项文化遗产、12项自然遗产、1项混合遗产（文化自然双重遗产），24项世界遗产中有1项为濒危遗产（大沼泽国家公园）。

一般来说，美国国家公园包含各种各样的资源，包括大片的陆地或水域，并为这些资源提供了充分保护。1872年，美国历史上第一个国家公园黄石国家公园成立，当时黄石国家公园并不由任何州政府管辖。起初，每一个国家公园的管理都不独立，有的管理成功，有的管理混乱。基于此，联邦政府暂时起到了直辖的作用。约塞米蒂国家公园（Yosemite National Park）最初以州立公园的身份成立。公园用地由美国联邦政府在1864年以无限期保护的原因捐赠给加利福尼亚州政府，之后约塞米蒂国家公园的所有权又回到了联邦政府的手中。

在黄石地区，普通公民拥有的公园管理权被美国军方在1886年取代。由于对国家公园财产的管理水平参差不齐。首任美国国家公园管理局局长斯蒂芬·T·马瑟（Stephen T. Mather）提议联邦政府，请求改变这一现状，最终《国家公园组织构成法》立法通过。1916年8月25日，美国总统伍德罗·威尔逊创立了美国国家公园管理局，使黄石国家公园有了定位并得到监管。之后，管理局又被给予了管辖其他自然保护地区的权利，有许多是由国会指派创立。截至2019年12月，美国国家公园共62座，将大约3.4万平方千米的公有土地纳入保护范围。

二、美国国家公园成功的经验

（一）垂直管理和科学管理体系

美国国家公园管理体系由联邦政府内政部下属的国家公园管理局（NPS）直接管理，同时配合有其他部门的合作和非政府民间机构的辅佐，是典型的以中央集权为主、垂直管理的国家公园管理体系。国家公园管理局要求按照制定的标准进行统一管理，接受社会监督，鼓励州、市等地方级政府代为管理，保证负责代管的地方政府秉公执法，不会出现严重的违法违规事件。美国同时还强调了对国家公园的科学化管理，聘用大量系统内外科学家对国家公园的设立、规划、保护、利用和管理进行研究，为其提供了充足的资金保障，因而可以确保公园内各项工作都含有很高的科技含量。

（二）完备的法律体系

美国国家公园的法律体系相对其他国家的公园法律体系更加健全，各项法律协调连贯，条理明晰，层级划分合理。纵向的立法体系包括基本法、授权法、单行法和部门规章4个层次：《国家公园基本法》是最基本、最重要、具有绝对权威和统领性的法律，主要规定国家公园管理局所具有的依法保护的基本职责；授权法是数量最多、针对性和适用性均很强的法律文件，主要针对每个国家公园的实际情况而规定其边界、重要性和其他适用内容（如1872年颁布的《黄石公园法》）；单行法主要针对不同类型自然或人文资源的保护而设立；部门规章是由《国家公园基本法》授权、国家公园管理局制定和公布的一些有利于国家公园充分利用和有效管理的各部门操作流程和细则。横向的法律体系是指与《国家公园基本法》平行的国家层面和全局性的环境法

（NEPA）、各类资源法等联邦法律。美国的立法体系层级分明，协调发展，互不冲突，最重要的是执法效力高，任何公民或机构对执法都能起到重要的监督作用，保证了执法过程的公平性。

（三）严格的规划流程和解说体系

美国国家公园的发展规划要按照严格的规划流程，首先由各公园管理者统筹编制，然后由区域办公室和丹佛中心负责审查，最终提交国家公园管理局签署发布。管理局下设的丹佛规划设计公司不仅负责整体规划设计，还负责单体建筑的设计和施工监管工作，规划组成员由公园职员、丹佛中心专业规划师和私人顾问等组成，专业背景包括自然、人文、科学等众多学科，保证在规划时充分考虑到各个学科的专业意见。此外，其解说与教育服务具有科学性和专业性的特点，主要由于其具有一套健全的流程和体系、统一的规划中心、科学系统的分析方法、专业的人员保障以及全程的监督与评估体系，隶属NPS的哈伯斯·费里规划中心全权负责国家公园的解说与教育规划，在对公园自然和人文资源进行全面调查评价以及对游客需求进行科学分析的基础上，为每一个国家公园量身定制独有的、针对性强的解说和教育规划，相关设施建设需要与建筑和工程公司以及公园管理者共同协商合作完成。解说系统的制定要非常重视前期调查、过程和结果评估，抽取适当样本，用观察或者访谈等方法获取重要反馈信息，不断解决解说系统的不足。

（四）公众广泛全面参与

国家公园的服务对象主要是公众，所以公众的广泛参与更是对国家公园的认可，美国国家公园的规划管理高度重视公众的广泛参与，严格的法律保障了公众享有充分的知情权、参与权、监督权和决策权。如在1966年颁布的《信息自由法》和1996年颁布的《电子信息自由法修正案》中，强制规定了联邦政府各行政机关必须履行信息公示义务，公众具有请求查阅、索取和复印信息的权力。在1969年颁布的《国家环境政策法》（简称为NEPA）和2006年颁布的《国家公园局管理政策》及其附件D2、第75A局长令《公民共建与公众参与》等文件中均对公众的知情权和参与权做了明文规定：国家公园管理局需要在专门的"规划、环境和公众评议"网上公示所有与公园规划和环境测评相关的文件，同时通过外网（内网用于规划编制人员全程管理规划过程）与公众进行互动沟通，广泛征求意见，只有通过公众讨论的规划和环境评估文本才能予以实施。

（五）志愿服务体系更加健全

美国国家公园的志愿者服务系统已经有100多年的历史了。多年来积累了丰富的志愿者招募、选拔、培训和管理经验，社会各界积极参与。主要原因在于有立法的支持和保障、完善的管理流程、深厚的志愿者文化和有效的宣传。美国在《国家公园志愿者法》和各州的志愿者法案（如《加利福尼亚州政府志愿者法案》）中详细规定了志愿者的招募和管理流程，确保系统高效、规范地运行。志愿服务过程非常流畅，公园的官方网站将发布招聘计划和具体责任，包括资源和环境保护（如自然生态系统的恢复和重建、动植物的保护和研究、病虫害防治、地质和水文环境监测等）、公园管理（如网络维护、建筑维护、森林防火、图书管理、历史资料更新、文秘类工作）和游憩服务（如公园服务中心、游客信息资料存储、对游客的环境教育、环境解说与导游工作、野营必备物资管理、野营区域维护）三大类。另外，招聘方案会根据园区的实际发展情况随时调整，并在全球范围内进行广泛宣传和招聘。根据申请人的特长灵活安排工作内容，并进行严格全面的培训，使其充分发挥专业特长，帮助解决各种问题。同时，当地政府和国家公园管理局通过志愿服务体系结合各利益相关者共同为国家公园的保护和管理做出贡献，如邀请专家学者的讲座，促进研究成果转化为科学知识的科普教育，邀请非政府组织志愿者一起就公园建设和保护问题提出对策，并邀请当地艺术家志愿者义务拍卖作品，为公园筹集资金等。美国志愿服务制度历史悠久，公众参与意识强，并且已被纳入社会评价体系。因此，公民参与志愿服务的意愿非常高，很好地实现了引导公众热爱国家公园和全民参与的目的。

三、对我国地质公园发展的启示

（一）理顺关系，逐步建立以政府为主导、公众广泛参与的管理体制

起初我国主要以省级政府垂直管理的国家公园管理局为主，我国试点国家公园大多建立了省级政府垂直管理的国家公园管理局，并于2017年8月在东北虎豹国家公园建立了第一个中央政府直接管理的国家公园管理局。2018年

在国务院机构改革中，新组建的自然资源部国家林业和草原局加挂了国家公园管理局牌子，标志着我国初步构建起了中央集权式的政府主导的管理体系，有助于解决原有保护地的多头碎片化管理问题，但是，为了对国家公园进行统一管理和严格保护，还需要进一步协调和理顺各行政部门之间的关系。理顺关系的同时还要注重监督作用，要鼓励更多的社会力量参与到国家公园管理中来，以自己为主体参与到国家公园的管理和监督工作中，包括公益组织开展公益捐赠、扶贫资助、救灾、志愿服务、环保、教育，专家学者对国家公园规划、保护、管理及其科研成果转化的科学指导等活动。建立健全全社会的监督机制，发现问题及时报告，广泛监督公园各项管理工作，保证工作人员清正廉明，工作环境透明公开，管理工作合理合法。

（二）加强立法，适时制定健全统一的国家公园保护法

当前我国部分试点地区都有了自己的管理条例、管理办法和管理体制方案等，对国家公园生态保护和科研科普、特许经营、志愿者服务和访客及财务管理等方面细则的制定发挥了重要的引导作用，但是，有利就有弊，各自为战，没有形成国家层面的统一的国家公园保护法。原有的专门综合性保护地法规《自然保护区条例》是在1994年出台的，属于效力位阶较低的行政规章或政策性规范，当出现不一致时会按照位阶高但针对性不强的各类资源法（如《森林法》《草原法》《水法》《野生动物保护法》和《土地管理法》等）执行，所以阻碍了管理工作的实施。同时，该条例适用范围并未涵盖早期（1985年）颁发的《森林和野生动物类型自然保护区管理办法》中所针对的森林和野生动物类型保护区，所以总领性较弱。因此，我国的现行法律之间的水平协调性和垂直连贯性不强，需要在现有法律法规的基础上制定统一的国家公园法，明确规定管理机制、资源和环境保护原则、分区管理和规划标准、游憩利用、特许经营制度、财务管理、各职能部门及相关利益群体的权责等具体内容，处理好与其他法律之间的关系，保证管理工作有法可依、有法必依、执法必严。

（三）统一规范国家公园管理和解说标准

由于我国10个试点国家公园都有自己独立的发展规划，尚未制定统一的规划标准，难以进行统一的保护管理和制约休闲游憩利用，故统一规范国家公园资源调查数据库以及资源评价和规划标准势在必行，包括保护和游憩利用标

准、游憩机会和游憩设施（包括游客中心、徒步小道和宿营地）图谱等；对少数几家规划单位进行筛选以此为国家公园的发展规划进行规范，再由各个国家公园据自身情况稍做调试，使其找到适合自己的发展道路，与此同时也进行产学研的结合，加强与高校、科研院所的合作，为专家学者提供科研实践基地并激励其科研成果及时转化，邀请他们对公园规划和管理工作进行科学的指导，保证国家公园发展规划的规范性和科学性。此外，我国国家公园也应注重环境解说的科学性、专业性及普及性，可以将解说系统规划任务交由少数几家认定的规划公司全权负责，在充分调研分析的基础上进行科学、规范和专业的解说规划，采用多样化的解说媒介，确保解说设施的质量。同时，加强对解说人员的培训、认证以及对解说效果的测评和解说过程的评估，采用多样化的调查途径对不同受众群体和主要利益相关者的反馈信息进行收集，持续更新和不断完善解说内容，确保环境解说的科学性和规范性。

（四）逐步建立全面的公众参与机制，实现全民共同管理

现如今，我国试点的国家公园正在逐渐关注各类非政府组织之间的合作，以充分利用公众的专业长处和优点，一起投入至国家公园建设、保护以及管理工作中。比如，各级政府管理部门和公园管理局注重让社区居民加入公园管理、保护和日常维修等工作，加强与专家学者在资源保护、发展规划、人员培训、科研实践及成果转化方面的合作，建立与NGO组织在灾害援救、金融扶持、环境保护和宣传教育等方面的合作，号召志愿者加入公园建设、日常维护和管理等工作，吸引部分企业提供资金支持和物资保障等，为多利益相关者合作共管的良好格局打下基础。但是，目前公众参与的深度和广度依然不够，其参与、监督和决策权依然较弱，特别是缺少相关法律法规的支持。对此，我国可逐步建立和完善公众尤其是主要利益相关者（如专家学者、非政府组织成员、企业代表、社区居民、媒体机构代表等）广泛参与的机制，通过法律、法规明确规定其知情、参与、决策和监督的权利，细化其参与内容、形式和流程。如在相关法律中具体规定国家公园管理和规划的相关信息应公开透明，让公众清楚明了，通过多种方式搭建互动平台，多方参与沟通，进行决策；同时赋予公众监督权，发现违法违规行为及时检举，以保障公园管理工作的合理合法，真正实现全民共管的宗旨。

（五）激发民众奉献意识，逐步完善国家公园志愿服务体系

在我国，试点国家公园的建设工作还处于初期阶段，需要大量的志愿者辅助进行相关的建设工作。然而，由于制度不够完善，管理方法和经验不健全，参与人数不足等种种原因，导致建设工作进程缓慢。因此，我国急需找到新的解决方法，可以借鉴发达国家的管理经验。在美国，通过确定明确的国家公园志愿者招募流程和选拔制度，制定志愿者培训过程和管理准则等方法，形成了一套完整的培养志愿者的方法。与此同时，政府将所有有关志愿活动的细节都予以公开，让大众知晓志愿者的工作内容和工作职责，以及相应的奖励制度，这无疑将大大吸引社会公民的积极参与。我国应当学习美国的经验，激发民众奉献社会的意识，以更好地建设国家公园。

第二节 香港地质公园的成功经验与启示

一、香港地质公园概况

中国香港地质公园位于香港特别行政区东北部，面积49.85km^2。公园由西贡火山岩园区和新界东北沉积岩园区组成，包括8个景区。其中，西贡火山岩园区包括粮船湾、瓮缸群岛、果洲群岛和桥嘴洲4个景区，地质遗迹有中生代白垩纪六边形酸性火山岩柱状节理；新界东北沉积岩园区包括东平洲、印洲塘、赤门和赤洲-黄竹角咀景区，以古生代泥盆纪、二叠纪，中生代侏罗纪、白垩纪至新生代古近纪的地层、古生物、沉积和构造地质遗迹为特色。香港世界地质公园是以香港郊野公园、海岸公园和特别地区为基础建立起来的，基础设施完善，管理制度规范。珍贵的地质遗迹，优美的海岛风光，多样的生态环境，使这里成为天然的地质学博物馆和休闲旅游胜地。

香港设立地质公园计划书最先由香港地貌岩石保育协会联同三位内地地质学家发表，2005年开始，由民主建港协进联盟和马鞍山民康促进会主办的倡建香港世界地质公园委员会着手研究香港设立地质公园的可行性，并开始相关的具体规划方案。其后，他们前往南京、武汉等地，拜访了内地多位地质专家和学者，考察相关的研究机构，并于2007年6月出版了《倡建香港世界地质公园建议书》，同时提交香港特区政府审议。建议初步以"一个中心，三个景区"构成香港地质公园。其中"一个中心"为概念之中心区是马鞍山海滨区，包括白石陆岬、马鞍山公园、马鞍山海滨长廊、乌溪沙青年新村；"三个景区"分别为：马鞍山矿场遗址、西贡万宜水库至果洲群岛一带、新界东北部赤门海峡至东平洲、印洲塘一带。同年，地质公园设立事宜经立法会讨论后获得通过。

2008年12月，香港地貌岩石保育协会和特区政府达成初步共识，将地质公园划分为两个园区、共八个景点。原本公园共有十个景点，但后来考虑到交通和路线上的方便程度后，把马屎洲和由滘西洲南部和吊钟洲组成的地区（最初为牛尾洲）从计划中移除。2009年2月，香港地质公园专责小组成立。2009年10月，香港地质公园被国土资源部批准成为国家级地质公园。2011年9月，经联合国教科文组织批准为第七批世界地质公园。

二、香港地质公园发展的成功经验

（一）保护优先，尊重自然

在香港地质公园的建设与开放过程中，有许多细节都体现了保护优先的原则。香港地质公园按景观类型和组合特征分为西贡火山岩、新界东北沉积岩两大园区，其中西贡园区的瓮缸群岛、果洲群岛景区，新界东北园的印州塘、赤洲-黄竹角咀景区，因为没有民居，所以完全没有建设和未经发展的土地，为保护原始的岩石地貌与自然环境，同时也基于安全考虑，地质公园并未制定在这些区域进行开发建设的计划，而是将其划为保育为主的区域。除了进行科研外，建议只开展不登岸的海上观览旅游。在游客可以步行进入的游览区，公园组织市民免费参加定点地质导赏活动，但有严格的容量控制，限额报名，额满即止。在公园内设立地质景观解说牌，是进行科学教育与导游的重要内容，但为了避免过多的解说牌影响与破坏自然环境与景观，香港地质公园开发了电子语音导游图，游客在野外只需用电子笔在图上点中所在的景点位置或编号，电子地图便可自动进行语音解说。

对地质遗迹的保护意识应当深入人心，香港地质公园采取不同的方案、措施以及手段来提高人们对地质遗迹的保护意识，这是使地质遗迹能够长久保存下来的最重要途径的之一。与此同时，科学知识的普及也至关重要，只有让每个人都去了解、熟悉地质公园，才能更好地保护好我们的家园。尊重自然，自然才会尊重我们。

（二）渗入民心，广泛参与

民间组织、公民社会对于地质公园发展的广泛参与，成为地质遗产保护与地质公园建设的重要力量，是香港地质公园的一大特点。既体现了地质公园发展中公众参与这一重要原则，也使认识自然、保护自然的理念，通过细致入微的社会活动，渗入民心，逐渐成为公众的自觉行动。香港申报地质公园的工作，一开始就是由政府部门、大学、专业及环保团体代表组成的香港地质公园专责小组来筹划和负责的。社会各方人士的参与，以有利于全体香港市民长远利益为依据，来进行地质公园的筹划与发展；而专业人士的参与保证了以科学和专业的态度解决规划、设计与管理问题；非政府组织可以代表公众对政府的地质公园管理工作进行监督，以使公园不致偏离基本的发展原则与方向。

例如，对香港来说，相关政策对地貌岩石的保护重视程度不够，由此导致了民众对地质地貌的认识普遍不到位，地质科学普及程度不高，于是一些来自不同专业背景、拥有爱心的社会人士纷纷加入地质地貌岩石的保护工作中来，并于2006年正式成立了香港地貌岩石保育协会。该协会人员在香港地质公园的基础调查与研究、营销宣传与推广、建设与发展等方面开展了大力的工作，包括举办地学科普知识的讲座、地质公园图片展览、中小学生志愿者科普导游讲解以及地质公园生态环境维护与宣教等，对香港地质公园地貌岩石保护与公众科普知识普及宣教等方面产生了积极的推动作用。

（三）广泛交流合作

利用自身的优势，香港地质公园非常注重与外界的联系、交流与合作。在国家地质公园开园仪式上，香港国家地质公园就宣布与中国雁荡山地质公园、日本系鱼川地质公园、英国里维耶拉地质公园和澳大利亚卡纳文卡地质公园建立姊妹公园合作关系，并随后进行了若干次的交流和互访。2011年3月又与德国贝尔吉施—奥登瓦尔德山世界地质公园签订姊妹公园协议。在与世界地质公园网络成员接触的过程中，经过反复的宣传介绍和推介，终于让联合国专家逐步了解并认可了香港地质公园。除此之外，邀请世界地质公园主要专家及网络成员参加香港地质公园研讨会，这也是为什么香港国家地质公园走向世界地质公园的步伐如此之快的原因之一。

香港地质公园除了具有珍稀的地质遗迹资源和优美的自然环境以外，它的建立在中国具有特殊的意义。香港地质公园的特色和建设发展模式，对于中国内地其他地质公园都具有重要的参考意义和借鉴价值。

（四）公园管理规范

香港地质公园的直接管理机构是香港渔农自然护理署郊野公园分署。郊野公园内设有多个管理站，各管理站一般有护理科和管理科。公园护理科的主要职责是提供公园信息及服务，在公园范围内巡逻，执行有关条例，管理游客中心及自然教育中心，发布自然护理保育信息，监察公园内的建设工程。公园管理科的主要职责是策划各项建设计划，管理建设及维修公园内的各项设施，树苗培育及植林工作，统筹及指挥扑灭山火，审批公园内所有发展申请。每个管理站人员固定，职责、任务清楚，甚至连每天的工作内容、地点、工作的责任人都清楚地写在提示牌上。

管理站有固定的办公地点，配备野外所用车船。管理站内可以进行小型的加工制造作业，用于制造或维修公园范围内需要的普通器具、标牌和一般设备。所使用器械、设备和存放的材料，在库房摆放得整整齐齐，责任明确，责任到人，表明管理规范。

目前地质公园管理的法律依据是《郊野公园条例》和《海岸公园条例》，并据此制定了《香港地质公园守则》。为了提高地质知识普及的科学性，提高游客的认知兴趣，渔农自然护理署同香港旅游业议会及香港地貌岩石保育协会共同制定了地质公园导游员培训和资格考核制度，根据导游员能力、水平和参加考试的情况，分为初级导游员和高级导游员。而导游员即便获得资格以后，也必须定期参加重新评审。这样既规范了公园导游制度，又提高了导游员的业务水平。

（五）注重技能培养

为了尽快使地质公园的技术人员适应工作岗位，从地质公园高级主任到普通技术人员，都必须学习基础地质学。香港地质公园管理部门先后派出了5

批业务骨干，分别赴内地多所大学、研究部门、地质公园进行短期的培训、实习，赴欧洲地质公园进行专门的学习。在短时间内，他们的地质科学理论和业务技能都有了极大的提高。还采取了博采众长，有针对性地邀请本港和内地不同方面的专家，现场讲解，示范教学。公园管理人员的知识培训对于地质公园的建设和管理非常重要。他们在学习、培训中表现出来的刻苦努力、谦虚好学的态度，是与他们忘我的敬业精神分不开的。

在派出去或请进来培训学习的过程中，非常注重业务书籍、技术资料、岩石标本和古生物化石的收集。从地质公园开始，积累了数百本地质学涉及多个学科的教科书、研究专著和科普出版物，收集了国内外数十家地质公园的各类宣传、科普材料，从国内外采集、购买了数以千计的各类岩石和古生物化石标本。公园管理人员和公园导游员可以借阅这些资料，以帮助他们提高业务水平；这些标本已经成为多个地质教育中心的主要陈列品。它们都已成为香港地质公园的主要业务支撑。

（六）生态系统的可持续性

为配合香港世界地质公园发展的目标定位，香港世界地质公园只设有保护区和特别活动区，配套服务和设施（包括科普教育区、游客服务区、自然生态区、人文景观区）一律在地质公园以外的周边地区甚至在市区兴建。

考虑其环境容量，将地质公园的保护区划分为核心保护区、特别保护区和综合保护区3级。设立核心保护区的目的是保护最重要的地质遗迹，保留其天然原貌和形态，不受外界干扰。对于部分地质景点，在实际情况容许和严谨管理支持下，可以设立为特别保护区作为地质旅游或教育用途开放。综合保护区是核心或特别保护区的延伸，发挥保护和缓冲核心区或特别保护区的功能。在一些广受游客欢迎而且承载力相对较高的地方（如海滩、山坡地），会开辟为特别活动区，用以迎合不同的康乐活动用途（如游泳、远足），可谓各适其适。

整个香港世界地质公园均受到《郊野公园条例》及《海岸公园条例》的保障。根据规定，郊野公园所属之地严禁所有破坏或改变郊野环境的活动（包括土地发展、游客的破坏行为和其他商业活动），这些规定能有效地保证香港世界地质公园生态系统的可持续性。

三、对我国内地地质公园发展的启示

（一）保护重于开发

在中国内地，地质公园无疑为地质遗迹保护、科学普及与经济发展做出了巨大贡献。但普遍存在的问题是，地方政府更看重的是地质公园作为旅游开发的金字招牌，虽然在一定意义上这也无可厚非，可一旦获取商业利润、财政收入、指标成为主要驱动力，再加上好大喜功、权力意识、不尊重自然的传统发展观作祟，便一味追求"大项目、大投资、大建筑"，一味追求游客数量、门票收入，把"打造""开发"等人为的模式，强加于自然的地质地貌与环境，过多的人为设施与人造景观，导致自然荒野、自然景观地的城市公园化、人工园林化，导致地质遗产的建设性破坏与开发性破坏。

一般认为，地质公园的主要功能有三个，即有效保护地质遗迹，普及地质科学知识，带动地方经济发展，中国内陆几乎所有地质公园在申报和建设过程中，都把这三个功能并重，甚至更看重地质公园对于地方经济发展的带动作用，而香港地质公园则更注重地质遗迹的保护和对公众的科普教育。尽管香港郊野公园、海岸公园、地质公园及教育中心（博物馆）的建设投入了不少资金，但它们全部免费向公众开放。在论证建立地质公园的过程中，香港政府和民众较为关心的是地质公园能否加强自然生态环境的保护。这足以说明香港建立地质公园是以地质遗迹和自然环境的保护为根本目的。

公园内的所有植被、地质遗迹和各类生态都是保护的对象。特区政府颁布的《海岸公园条例》《郊野公园条例》和其他相关条例中明确规定，游人不得在公园内破坏树木、敲击出露的岩石，不得随便攀树折花。由此可见公园法律之严格，民众对自然环境保护意识之强。

对于中国内地地质公园来说，应该以注重保护地质遗迹和对公众的科普教育为主，带动地方经济发展为辅。只有地质遗迹不受到破坏，才能进一步有效地促进当地经济的发展。我国山河壮丽、地大物博，发展科技、绿色含量高的地质旅游必成为日后国际地质旅游的焦点。

（二）注重科普教育

香港地质公园在进行地质科学知识普及出版物策划时，早期将科普对象

由高到低分为5 个层次，后又调整为以普通民众为主要科普对象的2~3个级别，并确定所有出版物必须通俗易懂，讲求科学知识深入浅出的原则。这类读物已经出版了10余种，深受读者欢迎和好评。

多种途径建立了以普及地质知识、了解香港地质历史为主要内容的地质教育中心，包括西贡狮子会、荔枝窝、吉澳和大埔等地质教育中心。难能可贵的是其中部分教育中心是在地质公园管理部门指导下，由当地居民自发建立并自行运作的，可见科普教育已深入人心：2011年3月16日，在中银香港总部举行了"香港地质公园——史前故事馆"签约仪式，中银总部大堂200多平方米的面积将用于展示香港珍贵的动物化石和地质历史演化，从而把地质知识普及工作延伸到了繁华的市中心。

在科普教育的形式上，也别具一格。定期举办地质公园和地质知识讲座，采用网上报名、预约参加的形式，组织有序。在狮子会地质学习园地，专门辟有岩石课堂，游人可以在老师的讲解和指导下，进行岩石标本和古生物化石的辨认，并可动手进行古生物化石模型的制作，从而加深了对地质科学的了解。

地质遗迹在地质公园范围内相当于室外展品，如何使"展品"在贴近游客、产生良好互动效应的前提下，保证"展品"不被游客损坏，这是地质公园对于游客普及地球科学知识、实现科普教育、达到游客主观的保护地质遗迹的目的。

中国内地地质公园应学习香港地质公园注重科普教育，将地质科普公众延伸到每个人，利用多种创新形式，扩大地质知识的普及范围，提高知识普及的效果。如设计开发以典型地质遗迹为模型的纪念品、标徽等；进行地质公园旅游饭店的资格认证，推出具有地质遗迹意义的菜点，并辅以科学的解说；进行地质公园旅馆的设计和认证，使之除了具备旅馆的一般功能外，还大量地采用了地质遗迹的元素进行设计。此外，还可以与海外公司联合，设计开发具有多种语言解说功能且便于携带的导游解说系统，大大提高导游的科学化和游客的兴趣。

（三）完善解说系统

导游作为人们在景区中旅游的向导，是帮助游客了解景区内容和景点历史等知识的服务人员。在以科学文化为主导的地质公园中，导游的专业素质尤其要高于其他普通景区。而目前我国地质公园中导游的整体专业素质并不高，他们对专业的地理知识了解甚少，在景区内讲解的主要内容还是以人文景观和带有趣味性的神话传说为主，使游客无法真正领略到宝贵的地质遗迹资源所特有的魅力和科学内涵，也使科学知识的普及受到了很大的局限，无法提升人们对于保护地质遗迹的意识。

地质公园作为具有科普作用的公园，特别强调科学知识的普及，需一套先进的、完备的、科学的解说系统。地质导游作为解说系统的核心部分，必须具备专业的地理知识，能够科学地解释地质景观的成因、特点、演变等。当然其间穿插些趣味性的故事传说，更容易让游客产生兴趣。为了提高导游的专业素质，可以对园区内的导游进行定期培训，将培训分为岗前和临岗培训两个阶段，也可与一些科研机构和高校建立长期合作的关系，邀请地学领域的专家到地质公园进行地学知识传授。另外，园区里应根据大多数游客领悟知识的思维方式和对地学知识认识的难易顺序，规划设计合理的参观旅游路线，既方便了游客对景区地质景观的理解，又不至于使游客花很多时间找路。在地质博物馆内，应加大科技投入，如对三维动态模拟技术的运用，使游客更直观地看到地球的演化和地质遗迹的形成过程等。利用多媒体技术丰富展览形式，增加展览的观赏性等。运用高科技手段提升展览质量，会使比较抽象的地学知识变得通俗易懂，使不同层次的受众都获益匪浅。

同时，随着目前各种技术越来越先进，越来越智能，也可以模仿香港地质公园开发电子语音导游图，游客在野外只需用电子笔在图上点中所在的景点位置或编号，电子地图便可自动进行语音解说。既节省了人力，又可以避免过多的解说牌影响与破坏自然环境与景观。

（四）完善管理体系

对于包括地质公园在内的中国自然风景地的管理，不少学者认为其弊端在于不同部门的多头管理，但这并不是目前我国风景地管理问题的症结所在。

可以和美国的情况作一个比较。美国把国家公园分为许多不同的类型，由联邦政府的国家公园管理部门统一管理，重要的是这种管理是一种直接管理，并且强调的是国家公园的公益性质，公园的保护与管理资金主要源于政府拨款。政府本身并不把公园作为获取利润和财政收入的来源，公园内的商业项目通过特许经营的方式进行严格管理。而在我国，国家公园的管理主要是通过地方政府的管理来实现，是一种间接的管理。同时最大的区别是，地方政府的风景地管理机构都具有政府和企业的双重属性，既是管理部门又是经营机构甚至是上市公司。地方政府对公园的考核最重要的是经济指标，实际上强调的是公园的商业性质。风景地的门票收入和其他经营收入，常常作为政府财政收入的重要来源；另一方面，政府也可以将公园的经营权向其他企业作整体转让，接手的企业往往会按照自己的经营思路进行开发建设，在很大程度上替代了政府对公园的管理。

在现行管理体制下，为了追求经济利益的近期最大化，常常会以"经济发展"为借口，在公园范围内开采矿产、兴建大型水电工程，甚至建设工业开发区，导致公园保护区范围不断缩减，地质景观与环境遭到破坏；而且常常会以"环境保护"为借口，将公园内的原住居民大规模迁出，由开发商取得土地和景观资源来进行开发，使原有的社会与族群结构、本土文化环境和文化景观遭受破坏，原住居民的利益受到损害。对于内地地质公园发展，要逐步解决景区管理机构政企不分的现象，景区管理机构应逐步回归明确的政府管理职能，并通过完善和加强对特许经营权的控制管理，使景区的一切建设与经营活动都真正纳入可持续发展的轨道。公园门票收入和特许经营税收应该优先并且主要用于公园的保护与发展，原住居民、公民社会、专业技术机构对公园的保护与发展应该有更广泛的参与，公园也应逐步回归其公益事业的属性。

（五）做好地质公园的立法工作

要建立一个完整的国家地质公园体系需要国家立法作为依据，国际上许多国家都通过做好立法工作而对地质遗迹进行有效的保护，而我国地质公园的建设、管理和保护还处在探索过程，各项法律法规制度还尚不完善。目前，除了《环境保护法》《矿产资源法》《自然保护区条例》以及《地质遗迹保护管理规定》《古生物化石保护条例》外，仍无相应的法规、规章出台。因此，就法律效力而言，我国内地缺乏权威性的地质遗迹保护法律，地质遗迹的保护还不能达到所期待的水平。

针对地质公园的建设，应尽快出台具有权威性的法律、法规，完善立法体系和执法模式，为地质公园的建设提供强而有力的法律保障，真正做到有法可依、执法必严。在立法工作中，可借鉴美国和加拿大等国家公园发展成熟的国家。其国家公园法制健全，具有完善的保护措施，各公园机构设置合理，规章制度完善，各自的管理模式在国际上都具有代表性。

第三节 湖北省地质公园的可持续发展

一、湖北省地质公园发展的现状与困境

湖北省地质旅游资源十分丰富，现有武当山、腾龙洞大峡谷等国家地质公园11处（见表5-1），有10余处省级地质公园，包含两处世界地质公园（神农架、大别山），在湖北省各级旅游景区中地质公园的旅游收入占据一定优势，发展前景广阔。但是，横向进行对比，湖北省无论是地质公园数量还是整体发展水平在全国并不突出，这与湖北省丰富的地质旅游资源是不相称的，如何提高区域地质公园数量和核心竞争力是湖北省地质公园旅游可持续发展的重要课题。

表5-1 湖北省国家级地质公园概况

序号	地质公园名称	所在地区	批准年份
1	长江三峡国家地质公园	湖北、重庆	2004年第三批
2	湖北木兰山国家地质公园	武汉市	2005年第四批
3	中国神农架世界地质公园	神农架林区	2005年第四批（2013年入选世界级）
4	湖北郧县恐龙蛋化石群国家地质公园	十堰市	2005年第四批
5	湖北武当山国家地质公园	武当山旅游经济特区	2009年第五批
6	湖北大别山（黄冈）世界地质公园	黄冈市	2009年第五批（2018年入选世界级）
7	湖北五峰地质公园	宜昌市	2011年第六批
8	湖北咸宁九宫山-温泉地质公园	咸宁市	2011年第六批
9	湖北恩施腾龙洞大峡谷国家地质公园	恩施土家族苗族自治州	2014年第七批
10	湖北长阳清江国家地质公园	宜昌市	2014年第七批
11	湖北远安化石群地质公园	宜昌市	2018年第八批

二、湖北省地质公园发展的SWOT分析

（一）S- Strengths优势分析

（1）湖北省地质旅游资源类型多样、丰富且集中，具有很高的科学和美学观赏价值。湖北省跨越秦岭褶皱系和扬子准地台两大构造区，地质构造复杂，地貌景观类型多样。北部是巍峨的秦岭；东部是武当山，有奇特的山脉和深谷；西有大巴山东段的神农架、荆山，高山峻岭，气势磅礴，素称"华中屋脊"；西南为武陵山、大娄山，是云贵高原的东北延伸，石山岩溶，景观奇峻。典型的断裂构造遗迹、地质剖面、古生物遗迹、河流地貌、峡谷地貌、峰林地貌、岩溶洞穴和地热温泉等在本区均有分布，具有很高的科学价值和美学观赏价值。

（2）自然和民俗的历史文化景观相得益彰，易于整合和创建特色旅游路线。湖北省不仅是独特的自然景观的聚集地，还是民俗、历史和文化的聚集地。巴土文化、楚文化、三国文化和道教文化在这里生根发芽，人们的饮食、穿衣、生活、出行等都在这里，处处散发出无穷的历史文化魅力，形成了湖北省独特的旅游资源综合体，静态的自然景观与动态的民俗历史文化的结合，必将具有强大的生命力。

（二）W-Weaknesses劣势分析

（1）地质公园管理系统和经营理念的局限性。毕竟地质公园和一般的旅游景点相比属于新生事物，相关的理论研究和政策法规还不完善，这使得地质公园的建设和发展具有探索性。主要存在三个问题：第一，我国尚未颁布有关地质公园的法律法规；第二，一些地质公园曾经是旅游胜地，园区建成后，由于没有专门的管理机构，缺乏地质科学技术人员，使得有效管理地质遗迹资源成为空话。第三，管理观念不到位，大多数经营者只关注经济利益，而缺乏对地质遗产保护的意识，这是不可再生的自然遗产，一旦被破坏就很难恢复。

（2）地质旅游资源的科学内涵尚未得到深入探讨。地质学是一门深刻的科学，对地质现象的研究需要扎实的地质科学背景和长期的努力工作。

（3）地质公园缺乏地学科普氛围，主要原因是地质公园的标识系统、导游解说系统和旅游路线设计等科普设施不完善。科普功能是地质公园的最主要

功能，而地质公园标识系统、导游解说系统和科普路线设计等是科普公众的重要载体。湖北省的一些地质公园完全没有科普氛围，游客甚至不知道他所在的景区是个地质公园，同时导游解说和标识系统也非常不完善。以溶洞为例，导游在对溶洞内的钟乳石进行介绍时仍停留在"像什么"的阶段，诸如太上老君、八仙等神话故事，而对于钟乳石"是什么""为什么"（即形成原因）和"什么时候"等科学问题处于不解说、不关心、不知道的"三不"状态。

（三）O-Opportunities机遇分析

（1）政府和社会高度重视地质旅游资源的保护和地质公园的建设工作。地质遗迹是21世纪的重要旅游资源。近年来，各级政府高度重视地质遗迹资源的保护和开发，我国地质公园管理部门与财政部、各省国土资源厅和财政厅为选定的地质公园分配了专项资金，以保护和开发地质遗产。同时，公众也深刻认识到环境保护的重要性，并采取了实际行动来保护地质公园的自然环境；在旅游过程中，大量游客的目的已从观光逐渐转移到科学知识的增加，这些都为地质旅游资源的保护和地质公园建设提供了良好的外部环境和客源市场。

（2）湖北省"一江两山"发展战略和鄂西生态文化旅游圈的辐射带动作用。目前湖北省旅游业发展有三条主线，一是"一江两山"即长江、武当山和神农架；二是鄂西生态文化旅游圈；三是武汉"1+8"城市圈。近年来，湖北省委省政府十分重视鄂西地区的发展，在政策优惠、资本投资或宣传和促进方面增加了支持，且"一江两山"旅游资源大部分位于湖北西部，是高级地质公园所在地。鄂西地区的发展战略与地质公园的发展理念相吻合，必将带动湖北省地质公园的建设和发展。

（四）T-Threats威胁分析

（1）来自河南、陕西、重庆和湖南等省、直辖市地质公园发展的外部激烈竞争环境。近年来，地质公园竞争变得越来越激烈，一方面，自然资源部规定每两年每个省份只能申报两个国家级地质公园，省内竞争激烈；另一方面，各省都在积极申报国家地质公园，省份之间的竞争在逐渐增大，主要体现在跨区域资源竞争、替代性资源竞争和客源市场竞争等领域，而河南、陕西、重庆和湖南都是地质遗迹资源大省（直辖市）和强省（直辖市），如何在激烈的市场竞争中取胜？拥有垄断资源和塑造品牌特征无疑是唯一的路，湖北地质公园还有很长的路要走。

（2）地质旅游资源所在地的环境条件不断恶化。由于自然和人为因素的影响，旅游资源所在地区的环境条件继续恶化，例如地震、山崩、泥石流等地质灾害对环境的破坏，农田对土壤的侵蚀等。森林地区的开垦、采矿造成的环境污染和破坏、拦河建坝发电造成上游和下游生态环境突变等，这些环境条件严重威胁了地质公园所依赖的资源基础。因此，有必要加强地质公园的环境治理和地质遗产资源的保护。

三、湖北省地质公园旅游可持续发展的路径

（一）加强地质旅游资源调查研究，深层次挖掘地质旅游资源科学内涵并进行科学评价

旅游资源调查评价是旅游资源规划开发的前提和基础。对于地质公园而言，地质旅游资源调查研究，包括对所在区域地质背景（包括地层、岩性、构造等）和地质旅游资源的特征、类型、形成演化等方面的全面把握，是地质公园开发建设的前提和基础。只有加强与地质科研机构的合作，开展地质旅游资源调查研究，深入挖掘地质遗产资源的科学内涵，如典型性、稀有性和科学性，才能在国内外和省内外进行科学比较和评价，揭示地质旅游资源的科学价值和美学观赏价值。科学价值是地质公园发挥科普功能的基础，美学观赏价值是游客游览的前提。只有充分挖掘地质遗迹资源的科学内涵并进行科学评价，才能开发独特的科普旅游路线和旅游产品，制定科学合理的地质公园发展战略和发展目标。

（二）注重地质公园标识系统、解说系统和旅游线路设计，充分发挥地质公园旅游的科普功能

地质公园导游讲解和景点解说牌必须以通俗易懂的语言向游客进行科学讲解，并介绍地质遗迹的形成时间、形成条件、地质历史的演变以及地质遗迹与周边环境之间的关系，不仅要告诉游客某个地质旅游景观"像什么""是什么"，还要告诉游客"为什么"以及"什么时间""什么条件下"形成的这种景观，提高地质公园的科学品位和科技含量。同时要求修建和科学设置地质公园博物馆、科普影视馆和科考、科普路线等，以室内展示、实地观察和现代多

媒体技术演示等方式，以普及和教育游客，特别是年轻人，要有科学知识，这对于普及地学知识、宣传唯物主义世界观和反对封建迷信具有重要意义。只有科学的才是可持续发展的，为了实现我国地质公园的可持续发展，有必要摆脱"鬼怪，怪兽，神话传说"，甚至"迷信"的向导和景点介绍方法。

（三）切实落实地质旅游资源保护工作，严格进行功能区划分，促进地质旅游资源可持续开发和利用

地质公园严格要求划分功能区域，根据《国家地质公园规划编制技术要求》（国土资发〔2010〕89号）文件要求，地质遗迹分区包括特级保护区（点）、一级保护区、二级保护区和三级保护区。特级保护区是公园的核心保护区域，不允许游客进入，只允许经过批准的科研、管理人员进入开展保护和科研活动，该区域禁止任何建筑设施；一级保护区可以安置必要的游赏步道和相关设施，但必须与景观环境协调，必须控制游客数量，并严格禁止机动运输。同时，不允许在所有保护区进行矿产资源的勘探和开发活动；不允许建立大型服务设施，例如旅馆、宾馆、培训中心和疗养院。目前，湖北省一些地质公园单方面追求大而全，不重视地质旅游资源和生态环境的保护，公园规划没有得到有效实施，掠夺性资源开发和破坏性工程建设有许多负面案例，改善旅游景点的发展模式迫在眉睫。

（四）整合区域地质旅游资源，实现世界地质公园和世界遗产新的突破

湖北省地质旅游资源非常丰富，通过整合区域地质旅游资源、优化现有地质公园管理体制和加强地质公园科学建设等措施，积极申报长江三峡、武当山和鄂西南"清江源"世界地质公园，同时包括神农架在内具备申报世界自然遗产的潜力。按照联合国教科文组织关于申报世界地质公园的相关文件规定，湖北省和重庆市必须共同建立现有的长江三峡国家地质公园的申报，以申报领导和管理的全球地质公园统一声明和未来管理事宜。武当山具有独特的地质地貌景观，动植物资源丰富，1994年被列入联合国《世界文化遗产名录》，武当山的古老道教建筑通过科学建设具备建设世界地质公园的基本条件。鄂西南"清江源"包括恩施土家族苗族自治州和宜昌市清江流域一带，是鄂西地区最典型的立体喀斯特地区，岩溶峡谷、洞穴、峰林、峰丛等岩溶地貌类型雄伟壮观、典型独特，现有五峰、腾龙洞大峡谷和长阳清江国家地质公园3处，通过整合清江流域地质旅游资源，并与清江流域土家族和苗族民俗风情相融合，也具备申报世界地质公园的基本条件。

（五）加强与历史、民俗等文化旅游资源整合，整体营销打造特色旅游线路

文化是永恒的、历久弥新的。湖北省重要文化包括：巴土文化、楚文化、三国文化、宗教文化和红色文化等。巴土文化是以鄂西清江流域和长江三峡一带为中心，以古代巴文化和现代土家文化为内核的一种民族地域文化。湖北省是楚文化的重要集中地。重阳位于襄阳市保康县南部，是湖北省早期楚文化保存最完好的地区，被认为是楚文化的发祥地，鄂西随州出土了著名的曾侯乙编钟。荆州纪南城曾经创造了灿烂的楚文化。湖北是著名的三国文化之乡，湖北省的襄阳、荆州、宜昌、咸宁拥有较多的三国旅游景点，应进行重点开发。道教古建筑群、武当武术、道教音乐、道教医药是武当山四大道教文化旅游品牌。黄冈不仅佛教文化灿烂，同时更是中共早期建党活动的重要驻地和鄂豫皖革命根据地的中心，红色革命文化光辉灿烂。湖北省可以整合以"地质公园"为主线的自然景观科普旅游，以"人"为主线的"古人、名人、美人、野人"特色旅游，与"巴图文化、楚文化、三国文化、宗教文化、红色文化"为主线的文化旅游，通过整体营销打造特色旅游线路，促进地质公园旅游的可持续发展。

四、结语

地质景观是一种重要的旅游资源，与一般旅游景区相比，地质公园不仅是一个地质旅游资源保护区，而且具有"公共游览"的属性。地质公园旅游是一种科学品位高、科技含量高的旅游模式。地质公园的科普功能是地质公园旅游开发的核心价值体现和主要目的。湖北省地质旅游资源区优势与劣势并存、机遇与威胁并存。地质公园可持续发展的关键在于科学处理四者之间的关系。通过深入挖掘内涵、科学解读、严格保护、整合资源、加强宣传、创造特色，推动地质公园科学建设和发展，促进湖北地质公园旅游业可持续发展。

第六章　地质公园旅游专题研究案例

第一节　地质旅游资源评价案例

一、房县青峰山地质公园概况

房县青峰山地质公园位于湖北省房县青峰镇与尹吉甫镇境内，为地质地貌类（地质构造、岩溶地貌、岩浆侵入、变质岩）地质公园。公园总面积为116km²，主要地质遗迹面积为4.6km²。由两个园区组成，其中青峰大断裂园区面积71km²，宝堂寺园区面积25km²。

房县位于湖北省西北部，东连保康、谷城县，东北与丹江口市相交，南临神农架林区，西与竹山县毗邻。房县交通较为发达，县城距省会武汉市区582km，距十堰市城区102km。209国道、305省道在县城中心交汇，209国道北通十堰市，转汉十（武汉—十堰）高速公路可直达武汉市及襄阳市等地，南通神农架林区松木坪及宜昌市等地，305省道西通竹山县和竹溪县，并出省去往陕西等省，向东抵达保康等县市。有高速铁路直达襄阳市及武汉市，并有襄阳刘集机场和武汉天河机场与世界相连。另外，在建的谷竹高速公路横贯房县东西全境，谷竹高速公路全长229.46km，其中，房县境内约76km，纵横交错的区域立体交通网使房县与十堰武当山和神农架林区交织而成鄂西北独具特色和竞争实力的旅游综合体，青峰山地质公园未来发展前景广阔。

二、主要地质旅游资源及特征

（一）青峰大断裂地质旅游资源

青峰大断裂为湖北省著名大断裂之一，东与襄（阳）—广（济）大断裂一起，合称青（峰）—襄（阳）—广（济）断裂（带），西与四川省境内城口断裂相接，构成扬子地台缘与秦岭地槽的分界线。大断裂近东西向展布，长度大于800km。武当山复背斜南翼遭其破坏，呈单斜构造。印支运动时期，北部地层向南部发生推覆，断层面向北倾，呈舒缓波状，倾角30°~70°，断裂呈挤压带形式出现。在此挤压带内，破裂面常常不止一个。有的地方，破碎带可宽达10~100多米，发育有破碎岩块、碎裂岩、构造片理及次级断层。

（二）岩溶峡谷地质旅游资源

（1）青峰大峡谷

青峰大峡谷位于青峰山马栏河风景段，峡谷长10.5km，谷底宽50m~150m，谷高200m~600m不等。河道蜿蜒曲折，两岸山势连绵、山体秀丽，为岩溶U和V型峡谷地貌景观；在内坪河道拐弯处为变质岩峡谷，谷壁相对岩溶峡谷坡形明显平缓。这里一峡具有两种岩性和两种类型的峡谷特性，并伴随有地质断裂构造及地层不整合界线组合的特征，是少见的地质遗迹景观。

（2）珠藏洞峡谷

珠藏洞峡谷位于尹吉甫镇马栏河大象山至珠藏洞大桥皮家坡段，峡谷长2km，谷底宽100m~150m，谷高30m~800m不等。河道笔直，两岸为山势连绵的U型岩溶峡谷，北岸发育有珠藏洞和低温温泉，还有石灰沟和大象沟支流，两支流蜿蜒曲折的V型峡谷地貌景观秀丽。马栏河大象山最具观赏性，此河段可开发为经济型漂流游览项目，同时珠藏洞大桥头岩层剖面发育的断层、褶皱、洞穴等地质遗迹可作为科考和科普解说场地。

（3）白马沟峡谷及封神洞

白马沟峡谷位于尹吉甫镇双湾村，峡谷长3.5km，谷底宽30m~80m，谷高200m~600m不等。河道蜿蜒曲折，山势连绵，山体零星有秀丽的象型景观，为岩溶V型峡谷地貌景观；封神洞，虽洞穴规模小但微型景观较好，目前开发条件不成熟，可待青峰山地质公园开发成型后再进行详细的考察研究。

（4）石灰沟峡谷

石灰沟峡谷位于尹吉甫镇以东（与保康县交界处），峡谷长2.5km~7.5km，谷底宽20m~60m，谷高200m~600m不等。河道蜿蜒曲折，两岸山势连绵陡峻、山体秀丽，为岩溶V型峡谷地貌景观。可与珠藏洞峡谷连片开发，开展休闲徒步运动和天然沐浴活动。

（三）岩浆岩入侵地质旅游资源

本公园岩浆入侵岩脉仅分布在青峰大断裂以北的武当山山脉的尹吉甫镇宝堂寺一带，主要是晋宁期基性岩类，有辉绿岩、辉绿玢岩，公园未见加里东期超基性岩类辉橄岩。晋宁期基性岩类以辉绿岩为主，次为辉绿玢岩，经区域变质后，成为斜长角闪岩。尹吉甫宝堂寺一带的变辉绿岩体长约3000m，宽50m～100m，呈层状，走向为东西向，倾向北东，倾角45°，侵入武当岩群，与武当岩群产状基本一致。

（四）青峰八里扁村变质岩剖面

变质岩是公园区域分布最广的岩石之一。区域内除白垩系——第四系分布区及青峰大断裂北侧基性岩脉外，其余基本为变质岩出露。青峰八里扁村变质岩剖面——沿八里扁村到六里峡电站大坝公路1.5公里段，可见武当群栏鱼河组白云母片岩和白云石英片岩、武当群双台组白云钠长石英片岩和白云钠长片岩、武当群双台组绿片岩类。

三、地质旅游资源定性评价

通过对周边和湖北省同类地质公园进行对比，房县青峰山地质公园内地质旅游资源具有较高的科学科考价值、美学观赏价值和旅游开发价值。

（一）与周边地质公园地质遗迹的对比评价

1. 与周边省级地质公园对比评价

虽然周边的房县野人谷和竹山堵河源省级地质公园都将青峰大断裂的出露点列其地质公园地质遗迹保护点，但是它们不具备阐述以点代面和以点代线完整的、系统的青峰大断裂的特征。两个省级地质公园的岩溶峡谷规模均小于青峰峡谷，青峰峡谷内不但有岩溶U、V型峡谷还有变质岩型峡谷；青峰山地质公园宝堂寺园区有中华诗祖尹吉甫文化遗址和尹吉甫诗经源传承文化，是青峰山地质公园的独特文化源，同时也是房县传承的古今文化。因此，有建立青峰山地质公园，有效保护青峰大断裂和尹吉甫历史文化遗迹等地质遗迹的必要性和紧迫性。

2. 与周边武当山国家级地质公园对比评价

青峰大断裂地质遗迹是我国著名的地质学家李四光以本地质公园青峰山或青峰镇命名的断裂，表明大断裂在房县青峰一带的地质遗迹特征最为显著，特别是断裂带是划分秦岭地槽区与扬子地台区分界线，具有国家或世界级地质遗迹特征的属性；断裂延伸数百千米，在青峰20km~30km范围的断裂带上最具大断裂特性的完整性、系统性和典型性，并且远离城区人烟稀少更易实施有效保护。武当山国家地质公园地质遗迹虽受青峰大断裂的影响和控制，但它不列于武当山地质公园有效保护的范围内。

晋宁期基性岩浆入侵辉绿岩岩脉在地质公园中宝堂寺园区一带出露与武当山国家地质公园同类地质遗迹景观特征一致，但宝堂寺园区的岩脉与宝堂寺中华诗经源尹吉甫文化紧密结合，使得岩浆入侵岩脉具有人文和观赏价值双重属性。有的诗经学者甚至认为道教文化的起源在宝堂寺，宝堂寺石窟建设远早于武当山。因此，岩浆入侵岩脉与人文古迹一起更容易得到有效保护。

（二）同湖北省同类地质公园的对比评价

根据对湖北省现有同类地质公园的对比，青峰山地质公园地质旅游资源的独特之处如下：

1. 断裂构造在其他地质公园地质遗迹很多，其特点各有千秋，但具有中国一级构造单元的青峰大断裂同类的地质遗迹甚少；青峰大断裂延伸数百千米，规模大，是划分秦岭地槽区与扬子地台区分界线，具有国家或世界级地质遗迹特征的属性，是本省断裂构造类地质遗迹之冠。

2. 省内地质公园几乎都有峡谷地质遗迹，但从峡谷规模和江河水的流量比，青峰峡谷仅次于长江三峡和恩施地区的清江峡谷；从峡谷岩性上比较，青峰山地质公园峡谷既有岩溶U和V型峡谷地貌景观又有变质岩峡谷地貌，这是一峡具有两种岩性和两种类型的峡谷特性，并伴随地质断裂构造及地层不整合界线组合的特征，是少见的地质遗迹景观。

3. 青峰山地质公园内有沉积岩、岩浆岩、变质岩、一级大断裂构造单元、大峡谷等地质遗迹和中华诗祖文化组合的独特优势。无疑青峰山地质公园具有非同寻常的价值，它在中国的地质公园与省内其他地质公园地质遗迹组合中是独特的，无可比拟的。

4. 青峰山地质公园南部山区林场与野人谷自然保护区和神农架国家地质公园紧密相连，同具生物多样性特征；其次，马栏河中水生生物种类也有待研究。

5. 房县野人谷地质公园和房县青峰山地质公园的地质遗迹系列组合具有国家地质公园特质。

第二节　地质旅游资源开发案例

一、竹溪县十八里长峡主要地质旅游资源及其特征

（一）位置与交通

十八里长峡自然保护区地处鄂西北边陲竹溪县最南端，湖北、陕西和重庆三省（直辖市）交界处，S236由西至东北穿越地质公园全境，北距竹溪县城248km、南距巫溪县城54km、西距陕西镇坪县城81km。十八里长峡于2013年12月成功晋升为国家级自然保护区。保护区最高海拔2740m，最低海拔570m，以中山—峡谷地貌为主。保护区以秦巴植物区系核心部分之一、极度濒危和国家重点保护动植物的种群及其栖息地、亚高山森林生态系统及北亚热带大面积常绿阔叶林为主要保护对象，属"野生生物类"中的"野生植物类型"自然保护区。

十八里长峡接壤神农架大九湖、重庆巫溪，处于武当山、神农架至重庆小三峡、长江三峡的黄金旅游线上。目前，谷（城）竹（溪）高速公路即将全线通车、十巫高速即将立项。这两条高速不仅彻底打破了竹溪的交通瓶颈，而且使竹溪真正融入从武汉到神农架、武当山，以及小三峡、三峡，再回到武汉的大黄金旅游圈，未来旅游发展前景十分广阔。

（二）主要地质遗迹旅游资源

1.岩溶峡谷地质遗迹资源

十八里长峡沿桃源和向坝的S236省道公路西延至重庆巫溪交界处，总体呈东西向展布，大峡谷长45km，保护区核心区域为9km，加上南北向次级峡

谷全长100余km，谷底宽十几米至几十米，是一条深切1000余米岩溶大峡谷，其特点是峡谷规模宏大，谷壁陡立如刀削，组合各种类型的峡谷多样奇特，行人可从谷底公路穿行观光，险峻秀丽景观可与恩施大峡谷媲美，是我国东半部河流切割得最深的峡谷之一。公园峡谷地段，河流切割冲刷和侵蚀作用，使露出的石灰岩河床形成凹凸不平、千变万化的各种形态。由于河流两侧较平坦的山顶面的海拔在南、东和北三面均在2000m～2200m左右，仅西部为1800m～2000m，因此大河的切割深度普遍达到1000m～1200m。

2.岩溶洞穴地质遗迹资源

十八里长峡地区因地壳运动的抬升和河流的下切作用，使本地区有多种不同成因的洞穴景观，如落水洞、岩洞、岩溶漏斗等，峡谷上层溶洞和地下洞穴、暗河分布甚广，达数十处，且部分溶洞内钟乳石发育较好。裂隙水是指赋存于岩体裂隙中的地下水，也就是俗称的"无源之水"，长峡内因成岩作用与构造作用，形成丰富的裂隙水景观，增加了长峡的神秘性。

3.水域地质遗迹资源

（1）河流景观。长峡河流（原五道河）由双河口河、大禾田河和珙桐沟河等几条溪流组成，河流长100km，水流量大，水力坡度陡，是汉江源头最大的支流。长峡河流全长45km，流域面积313km²，高差1755m，径流量$3.13 \times 108m^3$，径流深1000mm。

（2）波痕、壶穴景观。波痕是指非粘性的物质（陆源砂、碳酸盐砂）在波浪、水流或风的作用下，在其表面形成的波状起伏的痕迹，是典型的沉积构造之一，利用波痕来决定岩层的顶面和底面。长峡内波痕景观随处可见，形态奇异。

壶穴是急流挟带砂子砾石磨蚀河床基岩而产生的圆形凹穴，在长峡以及两侧的山谷流水地带，有大量典型的壶穴景观。

（3）瀑布景观。长峡地区由于降水丰富，山林水土保持较好，地形起伏较大，在长岭沟、鱼坪河、九江溪及其支流中天然形成了数十处水瀑，形态各异，生动怡人。岩溶峡谷两岸数以几十条泉水和地下暗河形成飞流直下的瀑布群，规模适中，景色艳丽，气势磅礴，堪称"湖北第一瀑布群"。

（4）湖泊景观。在长岭沟垭子附近海拔1350m左右的地方，山涧溪水汇聚成一个天然湖泊水域——长峡天池，水域面积1.6km²，水深2m~10m，终年湖水清澈，倒影山林云光，风光旖旎。天池原为一天然湖，经后期人工改造水域变大变深。

4.地质构造地质遗迹资源

典型的大断裂主要沿十八里长峡分布，可见几组交叉大断层断壁和峡谷两岸破碎带洞穴或泉水瀑布非对称出现，因河谷植被发育常不易被发现。如通过峡谷公路开挖的断面研究，可清楚地看到断层和褶皱等地质构造遗迹，其构造遗迹数量非常多。

（1）褶皱景观

由于地壳运动，岩层受到挤压而形成弯曲的层理结构的景观。在长峡两侧，尤其是在岔河口自北进入峡谷一段，有多处褶皱景观，如双河口褶皱构造。

（2）断层、陡崖景观

地壳岩层因受力达到一定强度而发生破裂，并沿破裂面有明显相对移动的构造称断层。在地貌上，大的断层常常形成裂谷和陡崖。十八里长峡峡谷主要受近东西向主断层和几条次级断层控制，两条或两条以上断层交叉处使河道走向发生改变并形成了深切峡谷和陡崖，如樟木寨岩壁、王冠山等。

（3）构造节理景观

层理是岩石形成过程中产生的，由物质成分、颗粒大小、颜色、结构构造等的差异而表现出的岩石成层构造，是研究地质构造变形及其历史的重要参考面。层理景观在长峡内分布广泛，有水平层理、交错层理、单斜层理等。

（三）其他自然与人文旅游资源

十八里长峡自然生态环境良好，有原始次生林4000万km²，幽秘的密林生长着132科591种植物，金钗、石米等几百种名贵药材，90余种隐生其间，自然带因海拔不同而呈垂直分布，针叶、阔叶植物层次分明，连绵的山峰，林木郁葱，枝叶相交，因势竞上，显示着蓬勃的生机，是湖北省乃至全国保存完好的北亚热带原始森林群落之一。植物景观主要有：独善其身、伟丈夫、千楸万榔、百年银杏、千年拱桐、红豆杉王、小勾儿茶。珍奇动物资源有金钱豹、香獐、青鹿、苏门羚、猕猴、红嘴蓝喜鹊、长尾雉、红腹锦鸡、山鹰、娃娃鱼、猫头水獭等。

除了良好的自然生态环境、动植物资源以外，十八里长峡地区也孕育了深厚的人文历史。人文资源主要包括：传统民歌（向坝民歌）、历史传说（十八里长峡赋、诗歌双桥）、建筑古迹（建于清道光年间的张公桥）、历史遗迹（樟木寨、古盐道）、建筑小品（八仙居吊脚木楼）和古墓遗址（秦王坟，为唐李显疑冢）等。

二、旅游资源开发存在问题

（一）旅游资源开发存在的问题

1. 旅游发展与保护的矛盾突出

交通问题一直是限制十八里长峡发展的重要因素，然而公路的建设也严重破坏了峡谷景观与生态环境，穿峡而过的道路让长峡失去了原有的险峻与神秘；电讯等基础设施建设改善了当地的生活条件，但无序的管线布置，尤其是沿十八里长峡核心区域的架空电力杆线，严重影响景区的美观。保护区发展与保护的矛盾是旅游发展中的主要问题，这个问题将贯穿始终。

2. 保护区旅游主题与特色模糊

目前保护区主打"长峡"牌，长峡虽然具有较好的品质（在中国大陆东部切割最深的峡谷之一），然而，与周边饶有名气的神农架、巫溪、小三峡比，资源的同质竞争严重。必须在整合当地民俗与文化的基础上，包装与打造，形成具有独特卖点的主题与特色。

3. 基础设施建设任重道远

解决十八里长峡未来开发不可逾越的难题是交通可进入性问题，需要大量的对外交通基础设施建设，出于保护生态环境的需要，横贯保护区的S236必须封闭，作为景区内部交通。随着保护区的开发完善，保护区的核心区以外需要修建必要的游览路线以及观景设施、接待设施、安全设施等。在原生态的自然保护区发展旅游事业，基础设施建设任重而道远。

三、旅游资源开发功能布局

根据十八里长峡自然保护区旅游资源赋存情况可将保护区划分为六大功

能区域，即峡谷风光景观区、古盐道观光体验区、向坝风情体验区、长峡民俗体验区、九江峡谷徒步景观区和珍稀生物保育区（包括葱坪北坡、草坪及长岭源珍稀生物保育区）。

1. 峡谷风光地质科普区

从两河口向南至丝竹园北侧东西约2km范围内的地段峡谷地貌特征显著，该段峡谷深切高差达1000m～1200m，形成几近垂直的陡峭山谷，景观气势逼人。该区域有多处地质遗迹景观，如褶皱遗迹、断层遗迹、波痕、壶穴、高位溶洞和地下暗河出口等。而且由于主河下切较深，两侧溪谷汇入主河前落差较大，形成了多处瀑布跌水，尤其是南端的区域，瀑布更加密集，数十上百米的跌水附近形成大片富氧离子区域，给谷底游赏线路增加了更多吸引力，是峡谷地质科普的核心地段。可以在峡谷险峻地段修建长峡栈道，沿途设置多处观景平台，提供若干处最佳峡谷观景点，同时设置地质遗迹科普解说牌，提高十八里长峡地质旅游资源的科学品位的科技含量。

2. 古盐道观光体验区

在猴子垭西南的峡谷崖壁底部，断断续续分布着古盐道遗迹，流传着盐道上的种种传说。翻开历史的画卷，历史展现的是川盐济楚的往事，背盐工为生计、为爱情，住客栈，逃匪寨，生动的故事和道边岩龛的祈祷流传至今。当年多少先辈为了银饷而踏上这条古道，今天沿途的山河风光，古道遗存取水点、古寨堡等，都能给匆忙的都市人一次朔古寻幽的体验。规划在当年古盐道路过的山林中，修复一段盐道，通过古寨堡、土匪寨、取水点、山神庙、土地庙等元素以及适当的壁刻、雕塑等艺术的再现竹溪古盐道的片段，展现片段川盐济楚的往事，休闲体验古寨堡，互动娱乐土匪寨，丰富游客朔古寻幽的旅游内容。

3. 向坝民俗风情体验区

以颇具影响力的向坝民歌元素为核心，在景区北部区域做向坝民俗风情旅游。主要包括两部分：一是在紧邻北入口服务区的混沌沟溪谷内，包装提升民歌旅游产品，改造胜丰-裕丰的山村环境，通过舞台演出、情景演出、互动对歌等形式，以民歌舞台、民歌楼、民歌田园等为载体，建设浓缩向坝民歌文化的体验山村旅游——向坝民歌村；二是沿五道河峡谷至岔河口布置设计民歌主题景观小品、向坝民俗浓缩小品等形成向坝民俗大道，以沿途峰回路转的空间关系为骨架，以山林峡谷的自然风光为背景，伴随深入长峡核心区的一路前行规划设计若干处主题环境景观小品，展现充满地域民俗特色的地方文化。

4.九江徒步景观区

九江溪是长峡的一条主要支流，自岔河口向西一直上行延伸到鄂渝交界的大梁子，溪谷落差近1000m（大梁子源头区域高程1780m，岔河口谷底高程800m）。九江溪中游的大、小禾田地区海拔1440m左右，相对开阔；其下游河段峡谷地貌亦较为典型，形成长约4km落差600m的峡谷段落，两侧山林茂密，非常适合开展朔溪、徒步穿越等生态旅游。经小禾田山村向东南抬升约300m既可以到达与葱坪、草坪同属一期的北风槽夷平面地区，其上发育高山草甸。该区域海拔较高，视野相对开阔，并有盆地、落水洞、喀斯特漏斗等喀斯特现象发育，适合开展生态观光、高山营地等旅游项目。

5.鱼坪河民俗体验区

在十八里长峡自然保护核心区外围，以鱼坪河自然村为基础，利用长峡地区独特的自然气候条件，壮大当地中草药种植规模，规模化经营、景观化种植。并与相关科研、制药等单位联合，丰富种植品种，提高经营效益；抓住长峡旅游开发契机，发挥独特的药园环境优势，拓展药谷休闲旅游，推出药浴保健养生、药园观光、溪谷冷水浴、药谷度假等旅游产品。同时结合核心保护区居民搬迁，以尊重保护当地民居特色的态度，对环境卫生等设施条件适当提升改造，扩建鱼坪河居民点，营造具有休闲气息、丰富农家餐饮、规范旅游接待，举办节日庆典活动，打造具有长峡地域特点的民俗体验旅游村。

6.珍稀生物保育区

十八里长峡自然保护区自葱坪沿石门子、黄世皮、轿顶山、大官山至横灯山一带山梁及北坡的南部区域和东部的猴子垭至黄龙山及草坪等区域，在生物上则有大面积的原始次生森林及国家一级保护植物红豆杉和珙桐等，可以对其进行生态环境保育，建立珍稀生物保育区，包括葱坪北坡、草坪及长岭源三个珍稀生物保育区，该区域严格禁止游客进入和开展活动，在条件允许的情况下可开展适当的自然生态科学考察活动。

湖北十八里长峡国家自然保护区地质旅游资源奇特丰富、类型多样，其中长峡岩溶峡谷、瀑布群、溶洞群和水域风光等属于国家级地质遗迹资源，具备很高的美学观赏价值、科考科普价值和旅游开发价值，同时该地区自然生物资源与人文景观交相辉映，共同构成了鄂西北地区独具特色的旅游资源体。开发地质旅游资源、建立地质公园与自然保护区保护区域自然生态资源的目标不谋而合。随着区域交通条件的改善，在保护十八里长峡地区自然生态环境的前提下，通过着力打造峡谷风光地质科普区、古盐道观光体验区、向坝民俗风情体验区、鱼坪河民俗体验区和珍稀生物保育区等六大旅游开发特色主题区，经过科学规划和建设，十八里长峡自然保护区未来的旅游发展之路会越来越宽广，成为实施竹溪"生态立县"战略，促进当地经济、社会和环境可持续发展的重要推动力量。

第三节　地质旅游资源保护案例

一、木兰山国家地质公园概况

木兰山国家地质公园位于湖北省武汉市黄陂区北部约30km的木兰山地区，处于《全国国土总体规划纲要》确定的首期重点开发和长江流域经济带的中心地段。紧连武汉市黄陂区的滠口镇、天河镇，武湖农场已与市区融为一体。武汉天河国际机场坐落境内，岱黄路、汉施路、机场路三条高等级公路直通武汉市区，还有318、107国道和3条省市干线通过县内。地理坐标为东经114°15′～114°30′，北纬31°00′～31°10′，总面积约340km²，规划面积72km²。

木兰山国家地质公园是以典型变质岩为主体地质遗迹的公园，其主要地质遗迹类型为：（1）木兰山蓝片岩及各种片理、面理和劈理；（2）东泉庵变质岩剖面、棋盘石——金顶蓝片岩剖面；（3）木兰山祈嗣顶糜棱岩及各种线理构造；（4）木兰山棋盘石双模式喷发剖面；（5）木兰山崩塌遗迹；（6）木兰山其他构造。

蓝片岩不仅是低温高压变质作用的产物，而且也常常是板块消亡带、陆陆碰撞带和构造埋深作用的重要标志。蓝片岩的变质形成，目前只有表面的风化剥蚀，整体保存完好，是研究变质岩形成环境的宝贵基地。由于覆盖层薄，岩石大多裸露，上元古界随县群组地层剖面连续完整，层序清晰，是研究变质岩时代、形成环境与生态环境的理想地段。

木兰山蓝片岩是长达1700km的秦岭—大别—苏鲁蓝片岩带的一个重要组成部分。这里蓝片岩保存完好，有红帘石片岩伴生，双模式火山作用明显，构造变形强烈，变形期次分明，岩石露头极佳。不仅如此，在其北侧还有大量不同类型的高压、超高压榴辉岩相伴出现。高压蓝片岩、高压、超高压榴辉岩及其相关的各种地质现象是见证华北陆块与扬子陆块碰撞、洋壳消亡的地质遗迹。这次板块碰撞不仅造就了秦岭—大别山—苏鲁碰撞造山带和高压、超高压变质带，而且还使之成为中国中、东部地区南、北地质构造、岩浆活动、地球物理、成矿作用乃至自然地理分野的一道长垣，对研究大别高压、超高压变质具有重要的地质意义。

木兰山国家地质公园是大别—苏鲁造山带的重要组成部分，是研究我国地质演化历史的关键地区，也是第30届国际地质大会野外重点考察路线之一，具有重大的科学研究价值。

二、木兰山地质公园保护现状与意义

（一）木兰山地质公园保护现状

湖北木兰山国家地质公园经过多年的建设，已经具备了接待游人的能力。申报国家地质公园后，木兰山地质公园改建了部分道路系统和基础设施等。目前公园各个景区的道路网络已初具规模，旅游服务接待中心已有一定的框架。并聘请有关旅游地学规划专家对地质公园进行了科学的总体规划，对地质公园的开发进行了相关的旅游规划。同时，聘请地质学专家对公园的科普导游等进行了系列的探讨性工作。主要成果表现在以下八个方面：

（1）完成了木兰山国家地质公园总体规划；

（2）编制完成了公园重要地质遗迹景点说明和部分人文、自然景点说明；

（3）完成了国家地质公园地质博物馆的工程建设，已于2008年3月28日揭碑开园；

（4）完成了公路、桥梁、停车场的建设及景区发展的整体设计；

（5）编制了木兰山国家地质公园建设实施方案，完成了导游手册的编写、地质旅游线路设计，编制了地质公园导游图；

（6）设计并制作了地质公园及公园各景区、景点交通引导牌、景观说明牌、标识牌；

（7）完成了公园内部分景观及道路的绿化改造；

（8）对园内部分地质遗迹进行了加固和修缮。

通过对木兰山国家地质公园的管理、保护和开发利用等诸多方面进行全方位的实地考察，地质公园保护与发展还存在以下七个方面的不足：

（1）木兰山是国土资源部命名的"全国国土资源科普基地"，地质科普资源非常丰富，但是缺少地质科普影视馆，不能给前来木兰山的众多青少年朋友以形象逼真的地球科学知识的启迪。

（2）部分属于一级地质遗迹保护区重要地质遗迹直接暴露地表，无任何保护设施，急需加强对其实施针对性的保护，这在木兰山南侧的一级地质遗迹保护区表现得较为突出。

（3）虽然木兰山在2005年就被列入国家地质公园行列，但直到目前为止，木兰山给人的感觉，国家级地质公园的氛围依然不浓厚。

（4）公园丰富的地质遗迹本身就是自然景观的有机组成部分，可以利用其本身的资源特征构成独具特色的景点，但由于形象化的地球知识科普展示做得不够，木兰山国家地质公园在旅游方面的知名度还有待提高。

（5）木兰山国家地质公园的地质科学研究项目有待于强化力度。

（6）景区内部道路需要进一步改建，景区间游步道远远不能满足地质旅游的需要，特别是缺乏可供地质科考及科普的路线及设施。

（7）由于以前对地质遗迹价值认识程度不够，部分重要地质遗迹点上有不合理的建筑设施存在；景区的生态环境有待进一步规划改善，生态景观较为单调。

（二）木兰山地质公园保护的意义

1. 有效保护地质遗迹

湖北木兰山国家地质公园国家级地质遗迹保护项目，是针对目前地质公园地质遗迹保护中存在的主要问题而实施的，项目的实施将有效地保护好国家级地质遗迹，使地质公园内的国家级地质遗迹从此不再受到自然以及人为因素的损毁和破坏，使这一世界级遗产得到持久、有效的保护。

2.整体提升地质公园的旅游品牌效应

国家地质公园的经济效益可体现在直接和间接的两个方面，包括资源开发、旅游业和促进周边经济发展等。从木兰山地质公园近年旅游统计分析来看，旅游收入逐年增长。客源市场来自湖北周边省市如河南、安徽等地及省内武汉、黄石、孝感等地，地质公园的开园迎宾，使门票收入和旅游综合收入显著增加。

3.改善地质公园的生态环境

木兰山国家地质公园的地质遗迹保护与开发，将会带来显著的生态效益。首先，通过道路绿化和采取环保措施，可调节气候、保持水土、涵养水源、净化空气，使周边环境更加优美；其次，通过旅游开发，可唤起人们的环保意识，增强保护森林生物环境和热爱自然的情感；第三，旅游开发与旅游管理并重，强化了环境保护的措施力度。因此，木兰山国家地质公园保护、开发建设必然带动周围区域乡村社区环境的改善，开展优化、美化、亮化工程，创造良好的社会氛围，同时也可提高和增强居民的环境意识和综合素质。

4.促进和谐社会的建设

湖北木兰山地质公园国家级地质遗迹的有效保护，将为地质公园树立一个知名的科考旅游品牌。通过这一知名品牌的吸引力，全面促进当地旅游经济的发展。旅游经济的全面发展将直接为当地居民提供多种就业岗位和就业机会，并通过当地居民与外地游客的交流，改变地质公园及周边居民的生产、生活方式及经济思维模式，整体提升当地居民经济水平和科学文化水平，缩小城乡差距，促进"两型"社会和谐、全面发展。

三、地质遗迹保护技术路线与保护措施

（一）地质遗迹保护技术路线

1.地质遗迹保护续作项目采用野外调查与室内综合分析研究相结合，并依据研究成果有序地、科学地进行基础设施建设。在野外搜集资料的基础上，研究主要保护对象，对其可能遭受的危害进行评价，有针对性地采取必要的保

护措施。

2. 本区作为"全国国土资源科普基地",无论在保护工程建设方面,还是科普功能展示方面,都要充分考虑并突出这一点,力争做到名副其实。在地质公园科普展示方面,将采用室内陈列与室外展示相结合。

3. 借鉴国内外地质遗迹保护项目的经验,以不破坏地质遗迹、不破坏生态环境、不影响人文及其他旅游资源的开发为前提,进行地质遗迹保护续作项目的规划设计。

4. 突出地质公园内稀有珍贵的地质遗迹特色,以地质遗迹保护为主题推动公园建设,促进区域文化旅游事业发展。

具体工作方法如下:

(1)资料的收集和整理。充分收集、分析前人工作成果,包括地质类文字、表格和图件,人文、历史、经济、社会等资料,在此基础上,编制相关的基础图件,建立地理、基础地质、环境地质数据库,确定工作具体范围、重点工作方向,部署调查研究工作,结合研究成果确定地质公园的保护措施。

(2)地质遗迹保护的方法。在专家指导下,划定公园地质遗迹的保护范围、位置,编制地质遗迹保护方案,根据地质遗迹价值的不同,划分多级保护区的办法进行保护。

(3)强化国家地质公园管理机构,在地质遗迹保护续作项目进行期间,要建立具有地方政府职能部门的木兰山国家地质公园管理局,对国家地质公园实施专业化和规范化管理,以保证对地质公园内的地质遗迹实行有效管理和保护。

(4)配套建设地质遗迹科普和宣传设施。建设地质科普影视馆、地质遗迹科普展示区,以地质遗迹保护区地质博物馆为载体,充分利用多媒体、电视、广播等宣传地质遗迹保护知识,最大限度地减少人为活动对保护区的环境破坏。

(5)强化木兰山基础地学研究。与省内外的科研机构、高等院校等建立密切联系,定期投入一定的经费,加强对园区内地质遗迹和生态环境的研究,促使地质遗迹保护走上科学化的道路。

（二）地质遗迹保护措施

1.地质公园主题碑广场

立项理由：长期以来，木兰山景区内有居民近百户，私房建设不统一，不仅破坏了整个景区的优美环境，也不利于景区的统一管理，因此需要有一片宽阔的土地把这些居民迁出地质公园，便于统一管理；其次，木兰山国家地质公园的山上道路较窄且坡度大，山上没有地势较平、面积较大的停车场，目前的小型停车场多而分散，旅游旺季的游客停车问题以及安全、管理等诸多方面都面临极大的隐患；第三，之前木兰山国家地质公园揭碑开园修建的主题碑为人工塑石建造，与木兰山地质遗迹的主题风格不协调，不能很好地宣传和体现木兰山国家地质公园的地质遗迹特点，且主题碑和博物馆坐落于景区道路下坡的拐弯处，游客在此逗留时存在重大安全隐患；第四，木兰山作为国家级地质公园，而且又是国土资源部确定的"全国国土资源科普基地"，目前木兰山现状显示不出地质公园地学科普的氛围。综上所述，在木兰山山前修建具有地学科普教育功能的、较大型停车场和中巴转乘站，对车辆实行分流和转乘，须迫切实施。

规划方案：木兰山地质公园入口处位于木兰山山脚下，长岭公路南侧，这里地势开阔，是木兰山地质公园和木兰生态旅游区理想的游客集散地。在这里规划设计建设地质公园主题碑广场，可以很好地烘托木兰山国家地质公园的气氛。木兰山地质公园主题碑广场规划面积为12万m^2，由新设计的地质公园主题碑、景区入口、广场、服务建筑、停车场、公交枢纽站、游客中心站组成；主题碑广场的东侧拟建地质科普影视馆、木兰山地质遗迹展示区。

图6-1　原主题碑与新设计主题碑效果图

2. 地质科普影视馆建设

立项理由：木兰山是国土资源部命名的"全国国土资源科普基地"，但却没有一个特定的设施以现代声光电和3D新技术的形式来展示木兰山国家地质公园地质遗迹的成因、地质地貌形态等地学科普知识，不能给前来木兰山的游客尤其是众多青少年朋友以形象逼真的地球科学知识的启迪。

规划方案：规划在主题碑广场的东侧修建一座造型新颖独特的现代化地质科普影视馆，以现代声光电和4D新技术的形式来展示木兰山国家地质公园地质遗迹的成因、地质地貌形态等地学科普知识，这样既能充分体现木兰山国家地质公园"全国国土资源科普基地"的功能，增加地质科普教育的场地，又将是一座现代化的旅游新景点，丰富木兰山国家地质公园旅游资源类型。地质科普影视馆规划面积2000m^2，上下两层结构。

木兰山地质科普影视馆概念设计效果图　　　　　　　　中国地质大学旅游发展研究院

图6-2　地质科普影视馆外观设计效果图

3. 规划主要地质遗迹展示区

立项理由：木兰山国家地质公园内地质遗迹类型丰富，但地质遗迹景点分布较为分散且不在主要游览步道附近，有些地质遗迹点如特殊岩石、地层剖面和构造运动遗迹，游客很少能够看到，不利于地质遗迹科普知识的宣传，也不利于提高木兰山国家地质公园的知名度和美誉度。

规划方案：借鉴中国地质大学（武汉）校内广场设置化石林的成功经验，规划在主题碑广场东北侧、主通道两侧开辟一片区域，规划设计木兰山主要地质遗迹展示区。一方面选择木兰山国家地质公园内有代表性的、个体较大的岩石标本；另一方面购买其他地质遗迹地特殊的岩石标本，再辅之园林绿化，以实物附以碑刻、雕塑等艺术形式，营造园林式地质科普环境，还可让游客参与互动，将其打造成既具有标志特征的地质遗迹景观，又极具观赏价值的"木兰石苑"，规划面积4200m²。

4.设立地质遗迹防护围栏

立项理由：祈嗣顶褶皱带南侧（562高地）是木兰山南部的一级地质遗迹保护区的范围，并且周围也是重要的地质遗迹出露地，但是由于平时疏于管理，成了放牧场，牛羊的粪便直接腐蚀了大片的蓝片岩露头，岩石风化严重。

规划方案：在祈嗣顶褶皱带南侧（562高地）设立防护栏等保护工程，使游客和动物不能进入该地质遗迹保护区，加强重要地质遗迹的保护。在此处较科学的保护方法是：设立钢丝围栏（柱）。实地考察后，设立保护围栏的长度在3000m左右。

5.规划地质科考与科普步道

由于木兰山地区缺乏可供地质科考及科普的路线及设施，而在木兰山南侧一级地质遗迹保护区的蓝片岩大规模出露区，无论是露头状况还是地形条件均适应作为地质科考的好场所。可在此处进行地质科学考察与科普步道设计建设，并设置观景亭和休息设施，地质科学考察与科普步道规划设计长度为2000m。

6.设立地质遗迹解说牌与保护设施

木兰山国家地质公园北侧核心区的玉皇阁和金顶是木兰山重要的旅游景观点，并且其周围有大量的地质遗迹点。该处有大量的游客前来参观游览，在此处设置解说牌可以增强游客对地质公园地质遗迹科普知识的了解，在此处设立隔离防护设施可以避免宝贵的地质遗迹遭受人为破坏，确保游客安全。

综合以上，木兰山地质遗迹保护规划概算见表6-1。

表6-1 木兰山地质遗迹保护规划概算表

序号	项目名称及描述		工作量		单位预算（元）	总预算（万元）
			计量单位	总工作量		
1	地质公园入口主题碑广场及配套设施，设计制作	主题碑碑体购买、运输；主题碑台基、基座；石雕护栏；坪边绿化；坪边亮化	1			480
2	地质科普影视馆的规划设计与工程建设	影视馆外观设计、布馆设计；3D影视播放器材购买；木兰山3D风光片摄制、制作与出版；木兰山地质地貌形成3D科教片；声光电设备；现代传达设备；馆内布置；地质科普灯箱展示；其他设施；助残、安保设施	m²	2000		1840
3	木兰山主要地质遗迹展示景点区，室外分类展示	岩石采集、购买与运输；展示台；碑刻、解说牌；雕塑；园林设计	m²	4200		420
4	祈嗣顶红帘石褶皱带南侧防护栏	长度3000m（单价400元）	m	3000	400	320
5	木兰山南侧一级地质遗迹保护区的蓝片岩大规模出露区及周边进行地质科学考察与科普步道设计建设	科普步道2000m；观景亭3个（单价15万）；休息点10个；地质遗迹解说牌10处	m	2000	800	430
6	科学研究	木兰山地质遗迹、景观成因及比较研究	1			60
7	金顶、玉皇阁周围地质遗迹保护围栏与解说牌	包括地质遗迹点保护围栏设置、解说牌设立	1			50
合计						3600

第四节 地质公园影响评估案例

一、G242改扩建工程项目建设背景

恩施土家族苗族自治州位于湖北西南部，东连荆楚，南接潇湘，西临渝黔，北靠神农架，素有"川蜀咽喉，荆楚屏障"之称，是湖北省唯一享受国家西部地区相关优惠政策和待遇的地区，也是东、中部地区参与西部开发的前沿地带。恩施州森林覆盖率近70%，矿产、能源资源丰富，拥有世界最大的独立硒矿床，有"世界硒都"之称。

受地理区位、地形地质条件等客观因素的限制，恩施州的交通基础设施建设相对我省经济发达地区而言总体滞后，成为其社会经济发展、旅游资源开发的瓶颈。"十二五"以来，恩施州在省委、省政府的支持下，加大了以高速公路、铁路为代表的交通基础设施的投入，已初步形成以高速公路和铁路为骨干的对外运输通道和以主要铁路、公路站场为核心的运输枢纽以及由干线公路为主构成的快速综合交通运输网络，交通运输能力紧张状况总体缓解，有力地支撑了恩施社会经济的快速发展。但受到自然条件、资金筹措等多方面因素制约，普通国省道的建设与其他交通基础设施的建设相比，存在各县市发展不平衡等问题，部分路段道路等级偏低，密度偏小，通达深度不够，运输能力不强等。目前，普通国省道建设进度相对滞后，特别是部分高速公路互通和铁路站场连接的普通公路道路等级偏低，通行能力不强，在一定程度上成为恩施州社会经济发展、旅游资源开发的重要制约因素之一。

2011年底，湖北省交通运输厅与恩施州政府签订的《加快恩施武陵山少数民族经济社会发展试验区交通运输发展合作协议》，明确提出建成一条达到二级公路水平的省级生态旅游示范公路，实现4A级以上旅游景区互通；2012年12月，湖北省交通运输厅发布了《湖北省集中连片特困地区特色公路规划》，明确提出了湖北武陵山绿色旅游公路规划。国道G242恩施境段二级以下路段有：马鞍龙至元堡段、黄金洞至下云坝段（纳入G51升级改造项目实

施）、下云坝至晓关段。为了落实国家公路网规划，完善恩施州路网布局，促进鄂西地区旅游资源的综合开发，根据恩施州交通运输局的统一部署，相关单位优先启动了G242恩施马鞍龙至利川元堡段工程可行性研究工作。

项目受地形条件限制，起点设置在马鞍龙七渡村附近，接恩渝公路S233，远期G242利用S233向北经板桥镇至鄂渝界分水岭，与重庆市奉节县相连，终点在利川元堡乡，顺接利智线S249。途径：恩施大峡谷旅游公司马鞍龙综合服务基地、景区剧场、大峡谷清江大桥、卡门、马踏井、团堡镇、国道G318、宜万铁路、元堡乡。

恩施马鞍龙至利川团堡段改扩建工程，路线方案选择充分考虑项目建成后对腾龙洞、大峡谷等景区旅游资源的开发和旅游产业水平的提升，同时也考虑与沪渝高速公路、宜万铁路等交通线路连接成网。

二、G242工程对地质公园的影响评估

工程建设有一定的影响宽度，并因周围事物距设计线路中心线的距离而遭受不同的影响程度，公路如从景观（点）通过将会直接毁坏景观而使其不复存在，同时破坏景观周边植被；如距离景观距离近，尽管不会直接毁坏地质景观，但其施工过程中可能存在的爆破、渣土堆砌现象等对地质遗迹等景观的观赏性也会产生一定影响；同时在工程建设中以及建设期后存在的次生地质灾害，次生地质灾害的分布位置、可能发生的形式也会对地质景观产生一定的影响。根据距离的不同，G242改扩建工程穿越湖北恩施腾龙洞大峡谷国家地质公园的影响宽度范围划分为如下四种情况：

直接穿越带：根据可研相关技术指标，本项目全段采用二级路标准，马鞍龙至马踏井段采用设计速度40km/h，路基宽度8.5m的标准建设；马踏井至元堡段采用设计速度60km/h，路基宽度10.0m的标准建设。

影响带：目前工程建设对地质公园影响范围尚无明确的规范可以遵循，按照以往在公路建设工程中的地质灾害评估或压覆矿产评估中通常以线路两侧200m范围作为地灾或矿产压覆的影响带，考虑到本项目为公路的改扩建这一因素，因此在项目对地质公园的影响评估中，以公路中心线水平距离10m～100m范围作为本次评估的影响带。

潜在影响带：由影响带延伸至距离公路更远的地质公园内其他事物，一般来说受工程建设的影响很微弱，但作为地质公园一部分，其内的地形地貌、地质背景、生态环境等与公园是不可分割的统一整体，因此以公路中心线垂直水平100m～500m范围作为评估的潜在影响带。

无影响带：处于公路中心线两侧500m范围外的地质公园内事物因距离工程施工带较远，不受本工程建设的影响。

（一）地质遗迹景观资源影响评估

地质公园是以地质遗迹为主体，并融合其他自然与人文景观而构成的一种独特的自然区域，同时也是地质遗迹景观和生态环境的重点保护区、地质科学研究与普及的基地。因此在明确地质公园的功能及意义的前提下确定以管道建设是否对地质公园内的地质遗迹景观、生态景观、人文历史景观资源造成影响作为本次评估的重点内容。

根据实地精确的勘测、定点及参阅中国地质大学（武汉）编制的《湖北恩施腾龙洞大峡谷国家地质公园综合考察报告》等文献资料，G242线路距离地质公园核心保护区（一级保护区）最近的距离均超过500米，有些远在几公里之外。综合分析，G242道路工程的建设对所经区域的自然生态、水、气、声和社会环境会产生一定影响。但该工程对湖北恩施腾龙洞大峡谷国家地质公园地质遗迹资源影响较小，需要说明的是，该区域属典型岩溶地区，当地施工条件复杂，岩溶洞穴亦有分布，建设方在进行公路线路的工程设计时，首先需要进行地质环境勘查工作，预防地质灾害的发生。

（二）生态景观资源影响评估

湖北恩施腾龙洞大峡谷国家地质公园内植物资源丰富，古树名木奇美挺秀、苍郁叠翠、高耸云天，还夹着神话与传说。野生动物资源也十分丰富，境内已知维管束植物165科，472属，778种，有森林树种98科，240属，557科，其中被列入全国重点保护的一、二、三级树种分别有3种、10种和9种。这些具有珍稀、名贵或者具有美学观赏价值的动植物资源是地质公园景观的重要组成部分。

经野外调查及室内整理分析，直接穿越带及影响带内未涉及古树名木及珍惜植物资源，也无珍稀动物栖息地存在。此外，本评估报告形成之前，相关单位编制有本项目环境影响评价，提出了环境保护措施、生态修复措施及其经济技术论证以及环境管理与监测计划的论述，针对公路穿越腾龙洞风景区提出了合理的意见和建议，并在初步设计和施工图设计阶段就提出了必要的措施防范风险事故，进行生态修复和保护，尽量减少环境破坏。

综合以下两种状况：首先，在公路线路两侧影响带内无珍稀动植物资源分布；其次，公路线路两侧500m范围内的整体生态环境在施工期间遭受一定影响，环境影响评估报告已提出生态恢复和保护措施，将环境影响降至最低，综合评估本项目施工期对湖北恩施腾龙洞大峡谷国家地质公园生态景观资源危害小。

（三）地质环境影响评估

在公路建设施工过程中，岩石被开采挖掘，加速了岩石的扰动和疏松，岩层的风化破碎作用增加，不稳定性增强，易受到风力、水力的破坏性搬运影响；临时堆放的土石方，可能造成大的块石顺坡落至山谷，小石将会压坏沿路的植被，使原有的植被水土保持功能减弱，造成滑坡、崩塌及泥石流等次生地质灾害的产生。湖北恩施腾龙洞大峡谷国家地质公园地区无重要的地层剖面分布，也无深大断裂活动带等存在，本项目建设对其地质方面的影响破坏仅限于设计线路周边地段，以次生的地质灾害为主，且其破坏形式也为小型性质，因此，对于整个地质公园大的地质构造背景所造成的影响不大。

（四）对地质公园旅游功能的影响

湖北恩施腾龙洞大峡谷国家地质公园是以喀斯特地貌、水体等地质遗迹景观为主体特色，以良好的生态环境为载体，以悠久的土家族民族文化、土司城古建筑等历史文化为内涵，建成集科研、科考、观光揽胜、修学、休闲度假于一体的科学内涵丰富、地方特色浓郁，具有很高地质科学价值、美学价值的科学公园。

G242改扩建公路工程路线走向基本遵循原有公路基础，是考虑各种因素后对景点资源无明显不利影响的，没有对风景名胜区内主要景点资源造成明显不利影响，公路建设不会危及地质公园内主要景点资源的存在、分布和保护。

本项目的建成可以提高外地游客到腾龙洞地区及各景区之间的交通效率，使当地的交通条件得到很好的改善，同时也会促进地质公园各项基本设施及景区各景点的建设，使地质公园和区内主要景点资源得到更良好的发展和保护。

（五）对地质公园结构完整性影响

湖北恩施腾龙洞大峡谷国家地质公园按地质遗迹园区—景区—景点三级风景结构考虑，总体由两个园区组成，其中腾龙洞园区包括腾龙洞景区、龙门景区、黑洞景区和雪照河景区，大峡谷园区包括七星寨景区和恩施大峡谷景区，该G242推荐线路从卡门西南至黄连溪已经超出地质公园南部边界线，因此不会对园区、景区的旅游功能造成危害，对地质公园内的游览线路不构成阻碍，对景区不形成分割。因此，本项目建设对地质公园的结构完整性无影响。

（六）对地质公园社会经济影响

公路建设对地质公园社会经济的影响主要考虑工程建设是否会影响到公园游客量的增减。在本项目建设的施工期内，不影响整体地质公园内的游客数量，对地质公园的旅游收入也无影响。

从长远来看，本项目的建成对湖北恩施腾龙洞大峡谷国家地质公园的旅游是起到促进作用的，因此对地质公园的社会经济起正面效应，与此同时，对地质遗迹的保护和开发也起了起积极的作用。

三、项目建设对地质公园影响保护及措施

本公路建设及营运维护中，地质公园保护遵循国家相关的地质公园保护法律、法规，其总体原则为：在保护中开发，开发中保护；长期规划，协调发展；全面监控，重点防范；严格措施，科学合理，使区域社会经济与国家地质协调发展。

在"可研"阶段，已对湖北恩施腾龙洞大峡谷国家地质公园境内的地质条件、水文、生态环境、地震等因素作有充分考虑。在本项目的施工期及运营期内，针对建设可能造成的具体影响，提出以下保护措施。

（一）施工期保护措施

（1）按规范施工，路基开挖时，若发现有重要地质遗迹资源的存在，应立即上报湖北恩施腾龙洞大峡谷国家地质公园管理部门，进行科学的调查和保护。

（2）加强改扩建公路周边区域的水土保持，防止崩塌、落石、泥石流以及施工用水排泄等对地质条件造成破坏，对水文条件造成污染。

（3）施工期应有地质公园管理参与建设部门对施工现场进行监理和监

督，严防破坏现有的地质遗迹，同时对在施工过程中可能发现的重要地质遗迹进行登记编录。

（4）施工场地周边有景观（点）分布时，岩土开挖尽可能采用机械和人工方式，如石质坚硬，可以使用局部小爆破，严禁大规模爆破。

（5）严格按设计要求取土和弃渣，不允许图方便就近在地质公园规划的景区景点及保护区范围内取弃土。

（6）路基清表工作应严格控制在公路用地范围以内，对于有保护价值的植物进行移植。杜绝在公路用地红线以外乱砍滥伐。

（7）当工程不可避免穿越地质公园旅游景区，有干扰公园正常旅游活动的情形产生，施工期应尽量避开旅游旺季、避开旅游日中的高峰时段，将地质公园社会经济的影响降至最低。

（8）在施工过程中，如发现地质勘察未查明的地质异常现象应及时与业主、地质勘察单位、设计单位联系，以便妥善解决发现的问题。

（9）对公路沿线包括中央分隔带、路基边坡等用地范围进行绿化，按生态学原理和近自然恢复原理，利用乡土植被进行自然绿化，与自然景观协调一致。沿线景观恢复与风景名胜区建设规划密切结合、统筹兼顾。

（二）运营期保护措施

（1）制定对过往车辆拟适当减速行速、禁鸣喇叭，防止汽油、载物撒漏等安全保护措施。

（2）进入运营期，加强公路的常规保养，避免对地质公园环境造成破坏。

（3）对地质公园的影响保持长期动态监测。

四、G242公路穿越地质公园影响评估结论及建议

（一）主要结论

1. G242在北部和南部穿越地段均为第三级地质遗迹保护区，仅是清江河谷跨越二级保护区。但鉴于G242改建公路主要是在原山区公路基础上修建，而原山区公路在地质公园之前很多年就已修建完成，加之推荐线路走向在地质公园内延伸均远离主要地质遗迹保护点，故对公园内需要保护的地质遗迹点影响较小。

2. 通过对拟建G242路线与湖北恩施腾龙洞大峡谷国家地质公园的园区及地质遗迹保护区的相关区位关系分析，《G242恩施马鞍龙至利川团堡段改扩建工程可行性研究报告》中推荐线路与地质公园核心地质遗迹保护区相隔一定距离，该方案可行。

3. 在施工期和运营期，G242改扩建公路对湖北恩施腾龙洞大峡谷国家地质公园的大峡谷园区会产生一定的影响，但在采取相应有效的工程措施后，其影响应该是可控的。

4. 拟建中的G242公路为山区二级公路，它的建成将大大改善湖北省少数民族地区旅游交通的便利条件，恩施大峡谷与利川腾龙洞等优势旅游资源的组合将推进恩施州旅游经济带的建成，进而促进恩施州地质遗迹保护和旅游开发之间的可持续发展。

（二）相关建议

1. 湖北恩施腾龙洞大峡谷国家地质公园为我省重要的旅游胜地，其中恩施大峡谷已被评为国家5A级旅游景区，目前正处于开发建设与完善阶段，但仍有许多景观还尚未发现，设计单位在设计过程中，应充分考虑这些因素，加强与地质公园管理部门保持经常性联系，协调好建设与资源保护，避免该区地质遗迹景观、生态环境、人文史迹资源遭受破坏。

2. 公路在施工过程中，将破坏地表土壤、植被，增加裸露面积，表土的抗蚀能力减弱，加剧了区域内的水土流失，势必对公路沿线的工农业生产和生态环境产生不利影响。因此，在工程建设过程中必须对地质公园范围内的水土流失进行全面防治，以改善公园内的生态环境，实现公路建设与地质公园发展的和谐推进。

3. 公路施工完毕后尽快进行植被恢复，落实好各项水土保持措施；做好施工场地的抑尘工作，避免夜间施工噪声扰民；施工人员的生活污水和生产废水经处理达标后排放；及时清理施工现场的生活垃圾和生产废物。

4. 地质公园管理部门要及时充分地与施工和运营单位沟通，做好协调，加强监管，使湖北恩施腾龙洞大峡谷国家地质公园内的地质遗迹资源、生态环境和人文史迹资源不受破坏，实现地质公园的可持续发展。

附　　录

附录一：国家地质公园建设标准（2013）

国家地质公园建设情况以评分方式进行评估。评估专家组根据评分标准和地质公园建设实际情况进行赋分。总分为100分。90分以上者为优秀，60—89分为合格，60分以下者为不合格。地质公园出现未建立专门的地质公园管理机构、未编制地质公园规划、未建有地质公园博物馆情况之一者，评估结果直接评定为不合格。

一、地质公园规划与地质遗迹保护（20分）

1.地质公园规划（6分）

按照国土资源部发布的《国家地质公园规划编制技术要求》编制完成国家地质公园规划，经国土资源部审查批准，并由当地人民政府发布实施。

2.地质遗迹保护（10分）

对地质公园内地质遗迹的类型、分布、数量、等级进行了全面详细调查和评价，建立了地质遗迹名录及资料档案，实施了具体、有效的保护措施，取得了良好的保护效果。

3.地质公园勘界（4分）

地质公园边界清楚，测定了拐点坐标，设有界碑；公园内无土地权属纠纷，无采矿权和商业性探矿权。

二、地质公园解说与标识系统（40分）

1. 地质公园主、副碑（4分）

设立了地质公园主碑、总体分布图及导游图、简介说明栏（中、英文）和地质公园徽标。

有独立园区的设立了园区副碑、公园总体分布图及园区导游图、简介说明栏（中、英文）和地质公园徽标。

2. 地质公园博物馆（8分）

展出面积合理；形式多样、生动，内容充分展示了地质公园特色；提供科学、通俗的现场解说；开放时间每天不少于4小时。

3. 地质公园科普影视厅（3分）

容量适宜，满足接待游客要求；播放内容充分展现了本公园内地质遗迹特色，满足科普要求。

4. 解说牌（10分）

在代表性和典型的地质遗迹点附近设立了图文并茂的解说牌，数量不少于50块，有多个园区的每个独立园区不少于30块；位置合理，风格和样式规范统一，易于维护更新；要素齐全，内容（中、英文）科学准确、通俗易懂，展示了对应点地学科普知识；图片和文字保持了清晰完整。

5. 导引标识（2分）

在通向地质公园的主要道路上设置了一定数量的引导牌（不少于3块），能准确引导游客进入公园；引导牌的风格和样式规范统一。

6. 地质公园导游手册、科学导游图和科考、科普旅行路线（8分）

设置了解说系统完备的科考、科普旅行路线，出版了导游手册及科学导游图，印制了免费发放的宣传折页。

7. 地学导游（5分）

导游员均参加了地质公园导游的专业培训，获得了相应的培训证书；地质公园导游词内容科学准确、通俗易懂。

三、地质公园科学研究、科学普及与交流（17分）

1. 科学研究工作（6分）

制订了科学研究计划，落实了研究经费；评估期内开展了不少于 2 项的科学研究项目并通过验收；相关研究成果已应用于地质公园建设与管理；支持完成至少一篇学位论文。

2. 科学普及活动（7分）

制订了地学科普行动方案，开展了针对中小学生、社区居民和游客的科普教育活动；结合本公园地质遗迹特色编制了针对不同年龄段读者的地质公园科普读物（出版物、印刷品及影像制品）。

3. 交流合作（4分）

每年参加1次以上国内或国际的地质公园会议；评估期内与2个以上国家或世界地质公园建立了合作关系并开展了实质性的交流活动；与地学单位建立了长期合作关系。

四、地质公园管理机构与信息化建设（14分）

1. 管理机构（6分）

建立了由地质公园所在地县级以上人民政府机构编制部门正式批准的国家地质公园管理机构，管理机构管理职责明确，能对所有园区实施有效管理；建立了地质公园管理档案，制定并颁布了地质公园管理的规章制度。

2. 人员配置（4分）

地质公园要有专门的管理人员，管理机构主要负责人应由所在地人民政府正式任命（聘任），并参加了相关业务培训；

地质公园管理机构地学专业人员不少于3人，其中在编地学人员不少于1人；外聘地学专业人员聘用期不得少于2年。

3. 地质公园信息化建设（4分）

建立了地质公园数据库和监控系统；建立了独立的地质公园网站，有专人管理、及时更新。

五、地质公园建设和地质遗迹保护资金（4分）

1.地质公园建设资金（2分）

地质公园建设资金列入了地方政府财政预算；地质公园经营收入的一部分已投入地质公园的建设与管理。

2.地质遗迹保护专项资金（2分）

地质遗迹保护专项资金使用合理，项目按期通过了验收。

六、地质公园社会经济效益（5分）

1.社会效益（3分）

实施了地质公园推广计划；开展了地质公园进社区、校园活动，提高了公众地质遗迹保护意识；增加了就业机会。

2.经济效益（1分）

地质公园建成后，游客人数、旅游综合收入合理稳步增长；促进了当地旅游服务业的发展，居民生活水平得到改善。

3.环境效益（1分）

地质公园及周边范围生态环境得到改善。

附：国家地质公园建设标准评分表

国家地质公园建设标准评分表

序号	考核项目	最高分值（分）	得分（分）
	地质公园规划与地质遗迹保护	20分	
1	地质公园规划	6	
	（1）编制完成国家地质公园规划，并经国土资源部审查批准	3	
	（2）地质公园规划已由当地人民政府发布实施	3	
2	地质遗迹保护	10分	
	（1）地质遗迹调查全面、系统	3	
	（2）建立了地质遗迹名录，地质遗迹划分了等级	2	
	（3）建立了完备的地质遗迹资料档案	3	
	（4）实施了具体、有效的保护措施，取得了良好的保护效果	2	

续表

序号	考核项目	最高分值（分）	得分（分）
3	地质公园勘界	4分	
	（1）边界清楚	1	
	（2）测定了拐点坐标，设有界碑	1	
	（3）公园内无土地权属纠纷	1	
	（4）公园内无采矿权与商业性探矿权	1	
	地质公园解说与标识系统	40分	
1	地质公园主、副碑	4分	
	（1）设立了地质公园主碑、总体分布图及导游图、简介说明栏（中、英文）和地质公园徽标	2（多个园区）或4（独立园区）	
	（2）有多个独立园区的设立了园区副碑、公园总体分布图及园区导游图、简介说明栏（中、英文）和地质公园徽标	2（多个园区）或0（独立园区）	
2	地质公园博物馆	8分	
	（1）展出面积合理	2	
	（2）形式多样、生动，内容充分展示了地质公园特色	2	
	（3）提供科学、通俗的现场解说	2	
	（4）开放时间每天不少于4小时	2	
3	地质公园科普影视厅	3分	
	（1）容量适宜，满足接待游客要求	1	
	（2）播放内容充分展现了本公园内地质遗迹特色，满足科普要求	2	
4	解说牌	10分	
	（1）在代表性和典型的地质遗迹点附近设立了图文并茂的解说牌，数量不少于50块，有多个园区的每个独立园区不少于30块	3	
	（2）位置合理，风格和样式规范统一，易于维护更新	2	
	（3）要素齐全，内容（中、英文）科学准确、通俗易懂，展示了对应点地学科普知识	3	
	（4）图片和文字保持了清晰完整	2	
5	导引标识	2分	
	（1）在通向地质公园的主要道路上设置了一定数量的引导牌（不少于3块），能准确引导游客进入公园	1	
	（2）引导牌的风格和样式规范统一	1	

续表

序号	考核项目	最高分值（分）	得分（分）
6	地质公园导游手册、科学导游图和科考、科普旅行路线	8分	
	（1）设置了解说系统完备的科考、科普旅行路线	1	
	（2）出版了导游手册	3	
	（3）出版了科学导游图	2	
	（4）印制了免费发放的宣传折页	2	
7	地学导游	5分	
	（1）导游员均参加了地质公园导游的专业培训，获得了相应的培训证书	3	
	（2）地质公园导游词内容科学准确、通俗易懂	2	
	地质公园科学研究、科学普及与交流	17分	
1	科学研究工作	6分	
	（1）制订了科学研究计划	1	
	（2）落实了研究经费	1	
	（3）评估期内开展了不少于2项的科学研究项目并通过验收	2	
	（4）相关研究成果已应用于地质公园建设与管理	1	
	（5）支持完成至少一篇学位论文	1	
2	科学普及活动	7分	
	（1）制订了地学科普行动方案	1	
	（2）开展了针对中小学生、社区居民和游客的科普教育活动	4	
	（3）结合本公园地质遗迹特色编制了针对不同年龄段读者的地质公园科普读物（出版物、印刷品及影像制品）	2	
3	交流合作	4分	
	（1）每年参加1次以上国内或国际的地质公园会议	1	
	（2）评估期内与2个以上国家或世界地质公园建立了合作关系并开展了实质性的交流活动	2	
	（3）与地学单位建立了长期合作关系	1	
	地质公园管理机构与信息化建设	14分	
1	组织机构	6分	
	（1）建立了由地质公园所在地县级以上人民政府机构编制部门正式批准的国家地质公园管理机构，管理机构管理职责明确，能对所有园区实施有效管理	3	
	（2）建立了地质公园管理档案	2	
	（3）制定并颁布了地质公园管理的规章制度	1	

续表

序号	考核项目	最高分值（分）	得分（分）
2	人员配置	4分	
	（1）地质公园要有专门的管理人员，管理机构主要负责人应由所在地人民政府正式任命（聘任），并参加了相关业务培训	2	
	（2）地质公园管理机构地学专业人员不少于3人，其中在编地学人员不少于1人；外聘地学专业人员聘用期不得少于2年	2	
3	地质公园信息化建设	4分	
	（1）建立了地质公园数据库	1	
	（2）建立了地质公园监控系统	1	
	（3）建立了独立的地质公园网站，有专人管理、及时更新	2	
	地质公园建设和地质遗迹保护资金	4分	
1	地质公园建设资金	2分	
	（1）地质公园建设资金列入了地方政府财政预算	1	
	（2）地质公园经营收入的一部分已投入地质公园的建设与管理	1	
2	地质遗迹保护专项资金	2分	
	地质遗迹保护专项资金使用合理，项目按期通过了验收	2	
	地质公园社会经济效益	5分	
1	社会效益	2分	
	（1）地质公园建成后，游客人数、旅游综合收入合理稳步增长	1	
	（2）促进了当地的餐饮、住宿、商贸等经营活动，当地居民生活水平得到改善	1	
2	经济效益	2分	
	（1）实施了地质公园推广计划，开展了地质公园进社区、校园活动，提高了公众地质遗迹保护意识	1	
	（2）增加了就业机会	1	
3	环境效益	1分	
	地质公园及周边范围生态环境得到了改善	1	
	总分（100分）		

附录二：国家地质公园验收标准（2019）

国家地质公园验收以评分方式进行。验收专家组按照地质公园建设实际情况和评分标准进行打分。总分100分，合格分数为总分60分且各项分类得分高于等于该项分值的60%。具体标准如下：

一、地质公园规划与地质遗迹保护（30分）

1.地质公园规划（10分）

地质公园已按照国土资源部发布的《国家地质公园规划编制技术要求》编制完成了规划，并已经当地人民政府发布实施。

2.地质遗迹保护（10分）

地质遗迹是地质公园主要的保护对象。地质公园应在调查清楚园区内地质遗迹的类型、分布、数量、等级的基础上，建立了地质遗迹名录及资料档案，制定实施了具体、有效的保护措施，并落实到具体部门和人员。

3.地质公园勘界（10分）

地质公园边界清楚，测定了拐点坐标，设有界碑，土地权属清晰，无采矿权和商业性探矿权等。

二、地质公园解说与标识系统（40分）

1.地质公园主、副碑（5分）

在代表性园区设立了地质公园主碑（包括公园总体分布图及简介说明栏），各独立的园区设立了地质公园副碑（包括园区分布图及简介说明栏）。

2.地质公园博物馆（10分）

融知识性、观赏性、娱乐性于一体，能集中向游人展示地质遗迹，宣传普及地质科学知识，并可进行休息娱乐。博物馆展出面积、内容和形式要与地质公园主题相匹配。展板内容、解说员讲解要针对普通游客，既有科学内涵又通俗易懂。

3. 地质公园科普影视厅（5分）

建有一定面积和座位的科普影视厅，达到接待游客要求。制作了1部以上反映本公园地质发展演化历史的影视片。

4. 景点（景物）解说牌（10分）

在有代表性和典型的地质遗迹景点（景物）旁设立了科学解说牌，位置设置合理，帮助游人实地了解地学科普知识；解说牌要素齐全，内容（中、英文）科学准确、通俗易懂，图片和文字清晰完整；外观设计要与公园整体环境协调，样式规范统一，提倡经济、环保、易于更换；数量上应达到一定规模，原则上数量不少于50块，有多个独立园区的每个独立园区不少于30块；

5. 导引标志（5分）

是引导游人进入公园的重要设置。在通向公园的主要道路上设置了一定数量（不少于3块）、能清楚准确引导游客进入公园的引导牌。引导牌应标明地质公园名称、位置，风格和式样统一。

6. 地质公园科学导游图和科考、科普旅行路线。（5分）

编制出版了简明、清晰、直观且符合出版要求的科学导游图；设置了能反映园区内典型意义的地质遗迹景观和人文景观的科考、科普旅行路线。

三、地质公园科学研究与科普活动（15分）

1. 科学研究工作（5分）

制定了公园内地学研究规划和近期（3—5年）行动计划，落实了研究经费，并开展了1项以上的研究项目。

2. 科学普及活动（10分）

制定了地学科普活动规划及近期（3—5年）活动计划，开展了3次以上的科普活动；结合本公园地质遗迹特色，编制、发放了系列地学科普读物（图、书、电子光盘）；制作了用于科普的地质标本和地质公园纪念品，开发了具有本地质公园特色的旅游产品。

四、地质公园管理与信息化建设（15分）

1.公园管理（10分）

根据实际情况，明确承担地质公园管理工作的机构、人员和经费。相关人员应满足地质工作的需要，具备开展地质公园导览活动的能力。

2.地质公园信息化建设（5分）

初步建立了地质公园数据库和监控系统；有独立的地质公园网站且反映了本地质公园的概况和地质遗迹特色，有专人管理、定期更新。

附：国家地质公园验收评分表

国家地质公园验收评分表

分类	评定项目	允许分值	得分栏
地质公园规划与地质遗迹保护	按照《国家地质公园规划编制技术要求》编制完成了地质公园规划，并已经当地人民政府发布实施	10分	
	建立了地质遗迹名录、等级划分及资料档案，实施了合理的保护措施并已落实到位	10分	
	边界清楚有界碑，测定了拐点坐标，土地权属清晰，无采矿权和商业性探矿权等	10分	
分类合计		30分	
地质公园解说系统	在主园区设立了地质公园主碑（含公园总体分布图及简介），在独立园区设立了副碑（含园区分布图及简介）	5分	
	建有地质公园博物馆；展出面积、内容和形式与地质公园主题相匹配；展板内容、解说员讲解科学通俗	10分	
	建有一定面积和座位的科普影视厅；制作了1部以上反映本公园地质发展演化历史的影视片	5分	
	地质遗迹景点解说牌数量不少于50块；多个独立园区的每个园区解说牌不少于30块；位置合理，内容准确易懂，外观统一，易于更换	10分	
	在通往公园主要道路上设立了不少于3块的引导牌，位置合理，式样统一，内容明确；	5分	
	编制出版了科学导游图；设置了反映主要地质遗迹和人文景观的科考、科普旅行路线	5分	
分类合计		40分	

续表

分类	评 定 项 目	允许分值	得分栏
地质公园科学研究与科普活动	制定了地学科研规划和近期（3—5年）计划，落实研究经费，已开展了1项以上的研究项目	5分	
	制定了地学科普规划和近期（3—5年）活动计划，开展了3次以上科普活动；编制了系列地学科普读物；制作了地质标本和地质纪念品	10分	
分类合计		15分	
地质公园管理与信息化建设	明确承担地质公园管理工作的机构、人员和经费；相关人员满足地质工作的需要，具备开展地质公园导览活动的能力	10分	
	初步建立了公园信息数据库和监控系统；有独立的地质公园网站且反映了本地质公园的概况和地质遗迹特色，有专人管理，定期更新	5分	
分类合计		15分	
总 分（100分）			

附录三：《建立国家公园体制总体方案》（2017）

　　2017年9月26日，中共中央办公厅、国务院办公厅印发了《建立国家公园体制总体方案》，并发出通知，要求各地区各部门结合实际认真贯彻落实。

　　《建立国家公园体制总体方案》全文如下。

　　国家公园是指由国家批准设立并主导管理，边界清晰，以保护具有国家代表性的大面积自然生态系统为主要目的，实现自然资源科学保护和合理利用的特定陆地或海洋区域。建立国家公园体制是党的十八届三中全会提出的重点改革任务，是我国生态文明制度建设的重要内容，对于推进自然资源科学保护和合理利用，促进人与自然和谐共生，推进美丽中国建设，具有极其重要的意义。为加快构建国家公园体制，在总结试点经验基础上，借鉴国际有益做法，立足我国国情，制定本方案。

一、总体要求

　　（一）指导思想。全面贯彻党的十八大和十八届三中、四中、五中、六中全会精神，深入贯彻习近平总书记系列重要讲话精神和治国理政新理念新思想新战略，认真落实党中央、国务院决策部署，紧紧围绕统筹推进"五位一体"总体布局和协调推进"四个全面"战略布局，牢固树立和贯彻落实新发展理念，坚持以人民为中心的发展思想，加快推进生态文明建设和生态文明体制改革，坚定不移实施主体功能区战略和制度，严守生态保护红线，以加强自然生态系统原真性、完整性保护为基础，以实现国家所有、全民共享、世代传承为目标，理顺管理体制，创新运营机制，健全法治保障，强化监督管理，构建统一规范高效的中国特色国家公园体制，建立分类科学、保护有力的自然保护地体系。

　　（二）基本原则

　　——科学定位、整体保护。坚持将山水林田湖草作为一个生命共同体，统筹考虑保护与利用，对相关自然保护地进行功能重组，合理确定国家公园的范围。按照自然生态系统整体性、系统性及其内在规律，对国家公园实行整体保护、系统修复、综合治理。

——合理布局、稳步推进。立足我国生态保护现实需求和发展阶段，科学确定国家公园空间布局。将创新体制和完善机制放在优先位置，做好体制机制改革过程中的衔接，成熟一个设立一个，有步骤、分阶段推进国家公园建设。

——国家主导、共同参与。国家公园由国家确立并主导管理。建立健全政府、企业、社会组织和公众共同参与国家公园保护管理的长效机制，探索社会力量参与自然资源管理和生态保护的新模式。加大财政支持力度，广泛引导社会资金多渠道投入。

（三）主要目标。建成统一规范高效的中国特色国家公园体制，交叉重叠、多头管理的碎片化问题得到有效解决，国家重要自然生态系统原真性、完整性得到有效保护，形成自然生态系统保护的新体制新模式，促进生态环境治理体系和治理能力现代化，保障国家生态安全，实现人与自然和谐共生。

到2020年，建立国家公园体制试点基本完成，整合设立一批国家公园，分级统一的管理体制基本建立，国家公园总体布局初步形成。到2030年，国家公园体制更加健全，分级统一的管理体制更加完善，保护管理效能明显提高。

二、科学界定国家公园内涵

（四）树立正确国家公园理念。坚持生态保护第一。建立国家公园的目的是保护自然生态系统的原真性、完整性，始终突出自然生态系统的严格保护、整体保护、系统保护，把最应该保护的地方保护起来。国家公园坚持世代传承，给子孙后代留下珍贵的自然遗产。坚持国家代表性。国家公园既具有极其重要的自然生态系统，又拥有独特的自然景观和丰富的科学内涵，国民认同度高。国家公园以国家利益为主导，坚持国家所有，具有国家象征，代表国家形象，彰显中华文明。坚持全民公益性。国家公园坚持全民共享，着眼于提升生态系统服务功能，开展自然环境教育，为公众提供亲近自然、体验自然、了解自然以及作为国民福利的游憩机会。鼓励公众参与，调动全民积极性，激发自然保护意识，增强民族自豪感。

（五）明确国家公园定位。国家公园是我国自然保护地最重要类型之一，属于全国主体功能区规划中的禁止开发区域，纳入全国生态保护红线区域管控范围，实行最严格的保护。国家公园的首要功能是重要自然生态系统的原真性、完整性保护，同时兼具科研、教育、游憩等综合功能。

（六）确定国家公园空间布局。制定国家公园设立标准，根据自然生态系统代表性、面积适宜性和管理可行性，明确国家公园准入条件，确保自然生态系统和自然遗产具有国家代表性、典型性，确保面积可以维持生态系统结构、过程、功能的完整性，确保全民所有的自然资源资产占主体地位，管理上具有可行性。研究提出国家公园空间布局，明确国家公园建设数量、规模。统筹考虑自然生态系统的完整性和周边经济社会发展的需要，合理划定单个国家公园范围。国家公园建立后，在相关区域内一律不再保留或设立其他自然保护地类型。

（七）优化完善自然保护地体系。改革分头设置自然保护区、风景名胜区、文化自然遗产、地质公园、森林公园等的体制，对我国现行自然保护地保护管理效能进行评估，逐步改革按照资源类型分类设置自然保护地体系，研究科学的分类标准，理清各类自然保护地关系，构建以国家公园为代表的自然保护地体系。进一步研究自然保护区、风景名胜区等自然保护地功能定位。

三、建立统一事权、分级管理体制

（八）建立统一管理机构。整合相关自然保护地管理职能，结合生态环境保护管理体制、自然资源资产管理体制、自然资源监管体制改革，由一个部门统一行使国家公园自然保护地管理职责。

国家公园设立后整合组建统一的管理机构，履行国家公园范围内的生态保护、自然资源资产管理、特许经营管理、社会参与管理、宣传推介等职责，负责协调与当地政府及周边社区关系。可根据实际需要，授权国家公园管理机构履行国家公园范围内必要的资源环境综合执法职责。

（九）分级行使所有权。统筹考虑生态系统功能重要程度、生态系统效应外溢性、是否跨省级行政区和管理效率等因素，国家公园内全民所有自然资源资产所有权由中央政府和省级政府分级行使。其中，部分国家公园的全民所有自然资源资产所有权由中央政府直接行使，其他的委托省级政府代理行使。条件成熟时，逐步过渡到国家公园内全民所有自然资源资产所有权由中央政府直接行使。

按照自然资源统一确权登记办法，国家公园可作为独立自然资源登记单元，依法对区域内水流、森林、山岭、草原、荒地、滩涂等所有自然生态空间统一进行确权登记。划清全民所有和集体所有之间的边界，划清不同集体所有者的边界，实现归属清晰、权责明确。

（十）构建协同管理机制。合理划分中央和地方事权，构建主体明确、责任清晰、相互配合的国家公园中央和地方协同管理机制。中央政府直接行使全民所有自然资源资产所有权的，地方政府根据需要配合国家公园管理机构做好生态保护工作。省级政府代理行使全民所有自然资源资产所有权的，中央政府要履行应有事权，加大指导和支持力度。国家公园所在地方政府行使辖区（包括国家公园）经济社会发展综合协调、公共服务、社会管理、市场监管等职责。

（十一）建立健全监管机制。相关部门依法对国家公园进行指导和管理。健全国家公园监管制度，加强国家公园空间用途管制，强化对国家公园生态保护等工作情况的监管。完善监测指标体系和技术体系，定期对国家公园开展监测。构建国家公园自然资源基础数据库及统计分析平台。加强对国家公园生态系统状况、环境质量变化、生态文明制度执行情况等方面的评价，建立第三方评估制度，对国家公园建设和管理进行科学评估。建立健全社会监督机制，建立举报制度和权益保障机制，保障社会公众的知情权、监督权，接受各种形式的监督。

四、建立资金保障制度

（十二）建立财政投入为主的多元化资金保障机制。立足国家公园的公益属性，确定中央与地方事权划分，保障国家公园的保护、运行和管理。中央政府直接行使全民所有自然资源资产所有权的国家公园支出由中央政府出资保障。委托省级政府代理行使全民所有自然资源资产所有权的国家公园支出由中央和省级政府根据事权划分分别出资保障。加大政府投入力度，推动国家公园回归公益属性。在确保国家公园生态保护和公益属性的前提下，探索多渠道多元化的投融资模式。

（十三）构建高效的资金使用管理机制。国家公园实行收支两条线管理，各项收入上缴财政，各项支出由财政统筹安排，并负责统一接受企业、非政府组织、个人等社会捐赠资金，进行有效管理。建立财务公开制度，确保国家公园各类资金使用公开透明。

五、完善自然生态系统保护制度

（十四）健全严格保护管理制度。加强自然生态系统原真性、完整性保护，做好自然资源本底情况调查和生态系统监测，统筹制定各类资源的保护管理目标，着力维持生态服务功能，提高生态产品供给能力。生态系统修复坚持以自然恢复为主，生物措施和其他措施相结合。严格规划建设管控，除不损害生态系统的原住民生产生活设施改造和自然观光、科研、教育、旅游外，禁止其他开发建设活动。国家公园区域内不符合保护和规划要求的各类设施、工矿企业等逐步搬离，建立已设矿业权逐步退出机制。

（十五）实施差别化保护管理方式。编制国家公园总体规划及专项规划，合理确定国家公园空间布局，明确发展目标和任务，做好与相关规划的衔接。按照自然资源特征和管理目标，合理划定功能分区，实行差别化保护管理。重点保护区域内居民要逐步实施生态移民搬迁，集体土地在充分征求其所有权人、承包权人意见基础上，优先通过租赁、置换等方式规范流转，由国家公园管理机构统一管理。其他区域内居民根据实际情况，实施生态移民搬迁或实行相对集中居住，集体土地可通过合作协议等方式实现统一有效管理。探索协议保护等多元化保护模式。

（十六）完善责任追究制度。强化国家公园管理机构的自然生态系统保护主体责任，明确当地政府和相关部门的相应责任。严厉打击违法违规开发矿产资源或其他项目、偷排偷放污染物、偷捕盗猎野生动物等各类环境违法犯罪行为。严格落实考核问责制度，建立国家公园管理机构自然生态系统保护成效考核评估制度，全面实行环境保护"党政同责、一岗双责"，对领导干部实行自然资源资产离任审计和生态环境损害责任追究制。对违背国家公园保护管理要求、造成生态系统和资源环境严重破坏的要记录在案，依法依规严肃问责、终身追责。

六、构建社区协调发展制度

（十七）建立社区共管机制。根据国家公园功能定位，明确国家公园区域内居民的生产生活边界，相关配套设施建设要符合国家公园总体规划和管理要求，并征得国家公园管理机构同意。周边社区建设要与国家公园整体保护目标相协调，鼓励通过签订合作保护协议等方式，共同保护国家公园周边自然资源。引导当地政府在国家公园周边合理规划建设入口社区和特色小镇。

（十八）健全生态保护补偿制度。建立健全森林、草原、湿地、荒漠、海洋、水流、耕地等领域生态保护补偿机制，加大重点生态功能区转移支付力度，健全国家公园生态保护补偿政策。鼓励受益地区与国家公园所在地区通过资金补偿等方式建立横向补偿关系。加强生态保护补偿效益评估，完善生态保护成效与资金分配挂钩的激励约束机制，加强对生态保护补偿资金使用的监督管理。鼓励设立生态管护公益岗位，吸收当地居民参与国家公园保护管理和自然环境教育等。

（十九）完善社会参与机制。在国家公园设立、建设、运行、管理、监督等各环节，以及生态保护、自然教育、科学研究等各领域，引导当地居民、专家学者、企业、社会组织等积极参与。鼓励当地居民或其举办的企业参与国家公园内特许经营项目。建立健全志愿服务机制和社会监督机制。依托高等学校和企事业单位等建立一批国家公园人才教育培训基地。

七、实施保障

（二十）加强组织领导。中央全面深化改革领导小组经济体制和生态文明体制改革专项小组要加强指导，各地区各有关部门要认真学习领会党中央、国务院关于生态文明体制改革的精神，深刻认识建立国家公园体制的重要意义，把思想认识和行动统一到党中央、国务院重要决策部署上来，切实加强组织领导，明确责任主体，细化任务分工，密切协调配合，形成改革合力。

（二十一）完善法律法规。在明确国家公园与其他类型自然保护地关系的基础上，研究制定有关国家公园的法律法规，明确国家公园功能定位、保护目标、管理原则，确定国家公园管理主体，合理划定中央与地方职责，研究制定国家公园特许经营等配套法规，做好现行法律法规的衔接修订工作。制定国家公园总体规划、功能分区、基础设施建设、社区协调、生态保护补偿、访客管理等相关标准规范和自然资源调查评估、巡护管理、生物多样性监测等技术规程。

（二十二）加强舆论引导。正确解读建立国家公园体制的内涵和改革方向，合理引导社会预期，及时回应社会关切，推动形成社会共识。准确把握建立国家公园体制的核心要义，进一步突出体制机制创新。加大宣传力度，提升宣传效果。培养国家公园文化，传播国家公园理念，彰显国家公园价值。

（二十三）强化督促落实。综合考虑试点推进情况，适当延长建立国家公园体制试点时间。本方案出台后，试点省市要按照本方案和已经批复的试点方案要求，继续探索创新，扎实抓好试点任务落实工作，认真梳理总结有效模式，提炼成功经验。国家公园设立标准和相关程序明确后，由国家公园主管部门组织对试点情况进行评估，研究正式设立国家公园，按程序报批。各地区各部门不得自行设立或批复设立国家公园。适时对自行设立的各类国家公园进行清理。各有关部门要对本方案落实情况进行跟踪分析和督促检查，及时解决实施中遇到的问题，重大问题要及时向党中央、国务院请示报告。

附录四：《关于建立以国家公园为主体的自然保护地体系的指导意见》（2019）

2019年6月26日，中共中央办公厅、国务院办公厅印发了《关于建立以国家公园为主体的自然保护地体系的指导意见》，并发出通知，要求各地区各部门结合实际认真贯彻落实。

《关于建立以国家公园为主体的自然保护地体系的指导意见》全文如下。

建立以国家公园为主体的自然保护地体系，是贯彻习近平生态文明思想的重大举措，是党的十九大提出的重大改革任务。自然保护地是生态建设的核心载体、中华民族的宝贵财富、美丽中国的重要象征，在维护国家生态安全中居于首要地位。我国经过60多年的努力，已建立数量众多、类型丰富、功能多样的各级各类自然保护地，在保护生物多样性、保存自然遗产、改善生态环境质量和维护国家生态安全方面发挥了重要作用，但仍然存在重叠设置、多头管理、边界不清、权责不明、保护与发展矛盾突出等问题。为加快建立以国家公园为主体的自然保护地体系，提供高质量生态产品，推进美丽中国建设，现提出如下意见。

一、总体要求

（一）指导思想。以习近平新时代中国特色社会主义思想为指导，全面贯彻党的十九大和十九届二中、三中全会精神，贯彻落实习近平生态文明思想，认真落实党中央、国务院决策部署，紧紧围绕统筹推进"五位一体"总体布局和协调推进"四个全面"战略布局，牢固树立新发展理念，以保护自然、服务人民、永续发展为目标，加强顶层设计，理顺管理体制，创新运行机制，强化监督管理，完善政策支撑，建立分类科学、布局合理、保护有力、管理有效的以国家公园为主体的自然保护地体系，确保重要自然生态系统、自然遗迹、自然景观和生物多样性得到系统性保护，提升生态产品供给能力，维护国家生态安全，为建设美丽中国、实现中华民族永续发展提供生态支撑。

（二）基本原则

——坚持严格保护，世代传承。牢固树立尊重自然、顺应自然、保护自然的生态文明理念，把应该保护的地方都保护起来，做到应保尽保，让当代人享受到大自然的馈赠和天蓝地绿水净、鸟语花香的美好家园，给子孙后代留下宝贵自然遗产。

——坚持依法确权，分级管理。按照山水林田湖草是一个生命共同体的理念，改革以部门设置、以资源分类、以行政区划分设的旧体制，整合优化现有各类自然保护地，构建新型分类体系，实施自然保护地统一设置，分级管理、分区管控，实现依法有效保护。

——坚持生态为民，科学利用。践行绿水青山就是金山银山理念，探索自然保护和资源利用新模式，发展以生态产业化和产业生态化为主体的生态经济体系，不断满足人民群众对优美生态环境、优良生态产品、优质生态服务的需要。

——坚持政府主导，多方参与。突出自然保护地体系建设的社会公益性，发挥政府在自然保护地规划、建设、管理、监督、保护和投入等方面的主体作用。建立健全政府、企业、社会组织和公众参与自然保护的长效机制。

——坚持中国特色，国际接轨。立足国情，继承和发扬我国自然保护的探索和创新成果。借鉴国际经验，注重与国际自然保护体系对接，积极参与全球生态治理，共谋全球生态文明建设。

（三）总体目标。建成中国特色的以国家公园为主体的自然保护地体系，推动各类自然保护地科学设置，建立自然生态系统保护的新体制新机制新模式，建设健康稳定高效的自然生态系统，为维护国家生态安全和实现经济社会可持续发展筑牢基石，为建设富强民主文明和谐美丽的社会主义现代化强国奠定生态根基。

到2020年，提出国家公园及各类自然保护地总体布局和发展规划，完成国家公园体制试点，设立一批国家公园，完成自然保护地勘界立标并与生态保护红线衔接，制定自然保护地内建设项目负面清单，构建统一的自然保护地分类分级管理体制。到2025年，健全国家公园体制，完成自然保护地整合归并优化，完善自然保护地体系的法律法规、管理和监督制度，提升自然生态空间承载力，初步建成以国家公园为主体的自然保护地体系。到2035年，显著提高自然保护地管理效能和生态产品供给能力，自然保护地规模和管理达到世界先进水平，全面建成中国特色自然保护地体系。自然保护地占陆域国土面积18%以上。

二、构建科学合理的自然保护地体系

（四）明确自然保护地功能定位。自然保护地是由各级政府依法划定或确认，对重要的自然生态系统、自然遗迹、自然景观及其所承载的自然资源、生态功能和文化价值实施长期保护的陆域或海域。建立自然保护地目的是守护自然生态，保育自然资源，保护生物多样性与地质地貌景观多样性，维护自然生态系统健康稳定，提高生态系统服务功能；服务社会，为人民提供优质生态产品，为全社会提供科研、教育、体验、游憩等公共服务；维持人与自然和谐共生并永续发展。要将生态功能重要、生态环境敏感脆弱以及其他有必要严格保护的各类自然保护地纳入生态保护红线管控范围。

（五）科学划定自然保护地类型。按照自然生态系统原真性、整体性、系统性及其内在规律，依据管理目标与效能并借鉴国际经验，将自然保护地按生态价值和保护强度高低依次分为3类。

国家公园：是指以保护具有国家代表性的自然生态系统为主要目的，实现自然资源科学保护和合理利用的特定陆域或海域，是我国自然生态系统中最重要、自然景观最独特、自然遗产最精华、生物多样性最富集的部分，保护范围大，生态过程完整，具有全球价值、国家象征，国民认同度高。

自然保护区：是指保护典型的自然生态系统、珍稀濒危野生动植物种的天然集中分布区、有特殊意义的自然遗迹的区域。具有较大面积，确保主要保护对象安全，维持和恢复珍稀濒危野生动植物种群数量及赖以生存的栖息环境。

自然公园：是指保护重要的自然生态系统、自然遗迹和自然景观，具有生态、观赏、文化和科学价值，可持续利用的区域。确保森林、海洋、湿地、水域、冰川、草原、生物等珍贵自然资源，以及所承载的景观、地质地貌和文化多样性得到有效保护。包括森林公园、地质公园、海洋公园、湿地公园等各类自然公园。

制定自然保护地分类划定标准，对现有的自然保护区、风景名胜区、地质公园、森林公园、海洋公园、湿地公园、冰川公园、草原公园、沙漠公园、草原风景区、水产种质资源保护区、野生植物原生境保护区（点）、自然保护小区、野生动物重要栖息地等各类自然保护地开展综合评价，按照保护区域的自然属性、生态价值和管理目标进行梳理调整和归类，逐步形成以国家公园为主体、自然保护区为基础、各类自然公园为补充的自然保护地分类系统。

（六）确立国家公园主体地位。做好顶层设计，科学合理确定国家公园建设数量和规模，在总结国家公园体制试点经验基础上，制定设立标准和程序，划建国家公园。确立国家公园在维护国家生态安全关键区域中的首要地位，确保国家公园在保护最珍贵、最重要生物多样性集中分布区中的主导地位，确定国家公园保护价值和生态功能在全国自然保护地体系中的主体地位。国家公园建立后，在相同区域一律不再保留或设立其他自然保护地类型。

（七）编制自然保护地规划。落实国家发展规划提出的国土空间开发保护要求，依据国土空间规划，编制自然保护地规划，明确自然保护地发展目标、规模和划定区域，将生态功能重要、生态系统脆弱、自然生态保护空缺的区域规划为重要的自然生态空间，纳入自然保护地体系。

（八）整合交叉重叠的自然保护地。以保持生态系统完整性为原则，遵从保护面积不减少、保护强度不降低、保护性质不改变的总体要求，整合各类自然保护地，解决自然保护地区域交叉、空间重叠的问题，将符合条件的优先整合设立国家公园，其他各类自然保护地按照同级别保护强度优先、不同级别低级别服从高级别的原则进行整合，做到一个保护地、一套机构、一块牌子。

（九）归并优化相邻自然保护地。制定自然保护地整合优化办法，明确整合归并规则，严格报批程序。对同一自然地理单元内相邻、相连的各类自然保护地，打破因行政区划、资源分类造成的条块割裂局面，按照自然生态系统完整、物种栖息地连通、保护管理统一的原则进行合并重组，合理确定归并后的自然保护地类型和功能定位，优化边界范围和功能分区，被归并的自然保护地名称和机构不再保留，解决保护管理分割、保护地破碎和孤岛化问题，实现对自然生态系统的整体保护。在上述整合和归并中，对涉及国际履约的自然保护地，可以暂时保留履行相关国际公约时的名称。

三、建立统一规范高效的管理体制

（十）统一管理自然保护地。理顺现有各类自然保护地管理职能，提出自然保护地设立、晋（降）级、调整和退出规则，制定自然保护地政策、制度和标准规范，实行全过程统一管理。建立统一调查监测体系，建设智慧自然保护地，制定以生态资产和生态服务价值为核心的考核评估指标体系和办法。各地区各部门不得自行设立新的自然保护地类型。

（十一）分级行使自然保护地管理职责。结合自然资源资产管理体制改革，构建自然保护地分级管理体制。按照生态系统重要程度，将国家公园等自然保护地分为中央直接管理、中央地方共同管理和地方管理3类，实行分级设立、分级管理。中央直接管理和中央地方共同管理的自然保护地由国家批准设立；地方管理的自然保护地由省级政府批准设立，管理主体由省级政府确定。探索公益治理、社区治理、共同治理等保护方式。

（十二）合理调整自然保护地范围并勘界立标。制定自然保护地范围和区划调整办法，依规开展调整工作。制定自然保护地边界勘定方案、确认程序和标识系统，开展自然保护地勘界定标并建立矢量数据库，与生态保护红线衔接，在重要地段、重要部位设立界桩和标识牌。确因技术原因引起的数据、图件与现地不符等问题可以按管理程序一次性纠正。

（十三）推进自然资源资产确权登记。进一步完善自然资源统一确权登记办法，每个自然保护地作为独立的登记单元，清晰界定区域内各类自然资源资产的产权主体，划清各类自然资源资产所有权、使用权的边界，明确各类自然资源资产的种类、面积和权属性质，逐步落实自然保护地内全民所有自然资源资产代行主体与权利内容，非全民所有自然资源资产实行协议管理。

（十四）实行自然保护地差别化管控。根据各类自然保护地功能定位，既严格保护又便于基层操作，合理分区，实行差别化管控。国家公园和自然保护区实行分区管控，原则上核心保护区内禁止人为活动，一般控制区内限制人为活动。自然公园原则上按一般控制区管理，限制人为活动。结合历史遗留问题处理，分类分区制定管理规范。

四、创新自然保护地建设发展机制

（十五）加强自然保护地建设。以自然恢复为主，辅以必要的人工措施，分区分类开展受损自然生态系统修复。建设生态廊道、开展重要栖息地恢复和废弃地修复。加强野外保护站点、巡护路网、监测监控、应急救灾、森林草原防火、有害生物防治和疫源疫病防控等保护管理设施建设，利用高科技手段和现代化设备促进自然保育、巡护和监测的信息化、智能化。配置管理队伍的技术装备，逐步实现规范化和标准化。

（十六）分类有序解决历史遗留问题。对自然保护地进行科学评估，将保护价值低的建制城镇、村屯或人口密集区域、社区民生设施等调整出自然保护地范围。结合精准扶贫、生态扶贫，核心保护区内原住居民应实施有序搬迁，对暂时不能搬迁的，可以设立过渡期，允许开展必要的、基本的生产活动，但不能再扩大发展。依法清理整治探矿采矿、水电开发、工业建设等项目，通过分类处置方式有序退出；根据历史沿革与保护需要，依法依规对自然保护地内的耕地实施退田还林还草还湖还湿。

（十七）创新自然资源使用制度。按照标准科学评估自然资源资产价值和资源利用的生态风险，明确自然保护地内自然资源利用方式，规范利用行为，全面实行自然资源有偿使用制度。依法界定各类自然资源资产产权主体的权利和义务，保护原住居民权益，实现各产权主体共建保护地、共享资源收益。制定自然保护地控制区经营性项目特许经营管理办法，建立健全特许经营制度，鼓励原住居民参与特许经营活动，探索自然资源所有者参与特许经营收益分配机制。对划入各类自然保护地内的集体所有土地及其附属资源，按照依法、自愿、有偿的原则，探索通过租赁、置换、赎买、合作等方式维护产权人权益，实现多元化保护。

（十八）探索全民共享机制。在保护的前提下，在自然保护地控制区内划定适当区域开展生态教育、自然体验、生态旅游等活动，构建高品质、多样化的生态产品体系。完善公共服务设施，提升公共服务功能。扶持和规范原住居民从事环境友好型经营活动，践行公民生态环境行为规范，支持和传承传统文化及人地和谐的生态产业模式。推行参与式社区管理，按照生态保护需求设立生态管护岗位并优先安排原住居民。建立志愿者服务体系，健全自然保护地社会捐赠制度，激励企业、社会组织和个人参与自然保护地生态保护、建设与发展。

五、加强自然保护地生态环境监督考核

实行最严格的生态环境保护制度，强化自然保护地监测、评估、考核、执法、监督等，形成一整套体系完善、监管有力的监督管理制度。

（十九）建立监测体系。建立国家公园等自然保护地生态环境监测制度，制定相关技术标准，建设各类各级自然保护地"天空地一体化"监测网络

体系，充分发挥地面生态系统、环境、气象、水文水资源、水土保持、海洋等监测站点和卫星遥感的作用，开展生态环境监测。依托生态环境监管平台和大数据，运用云计算、物联网等信息化手段，加强自然保护地监测数据集成分析和综合应用，全面掌握自然保护地生态系统构成、分布与动态变化，及时评估和预警生态风险，并定期统一发布生态环境状况监测评估报告。对自然保护地内基础设施建设、矿产资源开发等人类活动实施全面监控。

（二十）加强评估考核。组织对自然保护地管理进行科学评估，及时掌握各类自然保护地管理和保护成效情况，发布评估结果。适时引入第三方评估制度。对国家公园等各类自然保护地管理进行评价考核，根据实际情况，适时将评价考核结果纳入生态文明建设目标评价考核体系，作为党政领导班子和领导干部综合评价及责任追究、离任审计的重要参考。

（二十一）严格执法监督。制定自然保护地生态环境监督办法，建立包括相关部门在内的统一执法机制，在自然保护地范围内实行生态环境保护综合执法，制定自然保护地生态环境保护综合执法指导意见。强化监督检查，定期开展"绿盾"自然保护地监督检查专项行动，及时发现涉及自然保护地的违法违规问题。对违反各类自然保护地法律法规等规定，造成自然保护地生态系统和资源环境受到损害的部门、地方、单位和有关责任人员，按照有关法律法规严肃追究责任，涉嫌犯罪的移送司法机关处理。建立督查机制，对自然保护地保护不力的责任人和责任单位进行问责，强化地方政府和管理机构的主体责任。

六、保障措施

（二十二）加强党的领导。地方各级党委和政府要增强"四个意识"，严格落实生态环境保护党政同责、一岗双责，担负起相关自然保护地建设管理的主体责任，建立统筹推进自然保护地体制改革的工作机制，将自然保护地发展和建设管理纳入地方经济社会发展规划。各相关部门要履行好自然保护职责，加强统筹协调，推动工作落实。重大问题及时报告党中央、国务院。

（二十三）完善法律法规体系。加快推进自然保护地相关法律法规和制度建设，加大法律法规立改废释工作力度。修改完善自然保护区条例，突出以国家公园保护为主要内容，推动制定出台自然保护地法，研究提出各类自然公园的相关管理规定。在自然保护地相关法律、行政法规制定或修订前，自然保护地改革措施需要突破现行法律、行政法规规定的，要按程序报批，取得授权后施行。

（二十四）建立以财政投入为主的多元化资金保障制度。统筹包括中央基建投资在内的各级财政资金，保障国家公园等各类自然保护地保护、运行和管理。国家公园体制试点结束后，结合试点情况完善国家公园等自然保护地经费保障模式；鼓励金融和社会资本出资设立自然保护地基金，对自然保护地建设管理项目提供融资支持。健全生态保护补偿制度，将自然保护地内的林木按规定纳入公益林管理，对集体和个人所有的商品林，地方可依法自主优先赎买；按自然保护地规模和管护成效加大财政转移支付力度，加大对生态移民的补偿扶持投入。建立完善野生动物肇事损害赔偿制度和野生动物伤害保险制度。

（二十五）加强管理机构和队伍建设。自然保护地管理机构会同有关部门承担生态保护、自然资源资产管理、特许经营、社会参与和科研宣教等职责，当地政府承担自然保护地内经济发展、社会管理、公共服务、防灾减灾、市场监管等职责。按照优化协同高效的原则，制定自然保护地机构设置、职责配置、人员编制管理办法，探索自然保护地群的管理模式。适当放宽艰苦地区自然保护地专业技术职务评聘条件，建设高素质专业化队伍和科技人才团队。引进自然保护地建设和发展急需的管理和技术人才。通过互联网等现代化、高科技教学手段，积极开展岗位业务培训，实行自然保护地管理机构工作人员继续教育全覆盖。

（二十六）加强科技支撑和国际交流。设立重大科研课题，对自然保护地关键领域和技术问题进行系统研究。建立健全自然保护地科研平台和基地，促进成熟科技成果转化落地。加强自然保护地标准化技术支撑工作。自然保护地资源可持续经营管理、生态旅游、生态康养等活动可研究建立认证机制。充分借鉴国际先进技术和体制机制建设经验，积极参与全球自然生态系统保护，承担并履行好与发展中大国相适应的国际责任，为全球提供自然保护的中国方案。

参考文献

[1] Jacky G, Bruno G D, Guy P. Landscape structure and historical processes along diked European valleys: a case study of the Arc/Isre confluence [J]. Environmental Management, 1997, 21 (6): 891-907.

[2] Twumasi Y A. The use of GIS and remote sensing techniques as tools for managingnature reserves: the case of Kakum National Park in Ghana [J]. Geoscience and Remote Sensing Symposium, 2001 (7): 3227-3229.

[3] Harini N, Catherine T, Laura C, et al. Monitoring parks through remote sensing: studies in nepal and honduras [J]. Environmental Management, 2004, 34 (5): 748-760.

[4] Tim Bahaire , Martin Elliott-White. The Application of Geographicla Information Systems (GIS) in Sustainable Tourism Planning [J]. Journal of Sustainable Tourism. 1992 (2): 159-174.

[5] Williams P W, Paul J, Hainsworth D. Keeping track of what really counts: Tourism resource inventory systems in British Columbia, Canada [A]. Harrison L C, Husbands W (eds). Practicing Responsible Tourism: International Case Studies in Tourism Planning, Policy & Development [C]. NewYork: J. Wiley&Sons. 1996, 404-421.

[6] Zhang Jingnan. Analysis of coastal tourism with the aid of remote sensing [A]. 22nd Asian Conference on Remote Sensing [C]. Singapore. 2001, 1: 376-381.

[7] Banerjee U K, Smriti K, Paul S K. Remote sensing and GIS based ecotourism planning: a case study for w estern Midnapore, West Bengal [J]. India Conference Proceedings of Map Asia, 2002 (4): 1-6.

［8］Moeck I, Schandelmeier H, Dussel M, et al. Aquifer characterization: 2D geological maps as portal to 3D conceptual geological models［A］. 67th European Association of Geoscientists and Engineers, EAGE Conference and Exhibition, incorporating［C］, 2005.

［9］Len M. Hunt. Remote tourism and forest management: a spatial hedonic analysis［J］. Ecological Economics, 2004, 53（1）: 101-113.

［10］D. J. Walmsle, M. Young. Evaluative Images and Tourism: The Use of Personal Constructs to Describe the Structure Destination Images［J］. Journal of Travel Research, 1963, 21: 65-69.

［11］C. Evi Soteriou. The Strategic Planning Process in National Tourism Organizations［J］. Journal of Travel Research, 1998, 37（8）: 21-29.

［12］Wang Lili, Dong Suocheng. Comprehensive Assessment on Tourism Eco-environment of Gansu Province Based on Spatial Data［J］. Chinese Journal of Population, Resources and Environment, 2009, 7（2）: 32-36.

［13］Yan Zhiwu, Luo Wei, Li Xinning. Assessment and Preliminary Planning of Geological Relics in Lingwu National Geopark, China［A］. 2nd International Conference on Artificial Intelligence, Management Science and Electronic Commerce［C］. Zhengzhou. 2011: 2833-2836.

［14］Yan Zhiwu, Luo Wei, et al. Comprehensive Evaluation Index System of Geological Heritage and Empirical Study［A］. The 2012 International Conference on systems and informatics［C］. Yantai. 2012.

［15］Osgood c E, Suci G J. Factor analysis of meaning［J］. Journal of Experimental Psychology 1955, 50（5）: 325-338.

［16］Calvin J S, Dearinger J A, Curtin M E. An attempt at assessing preferences for natural landscapes［J］. Environment and Behavior, 1972, 4（4）: 447-470.

［17］Craik K H. Individual variation in landscape description［A］. Zuba E H, Brush R O, Fabos J G. Landscape Assessment［C］Hutchinson and Ross, 1975.

［18］Myklestad E, Wager J A. Preview: computer assistance for visual management of forested landscapes［J］. Landscape Planning, 1977, 4: 313-331.

[19] Bishop I D, Hulse D W. Prediction of scenic beauty using mapped data and geographic information systems [J]. Landscape and Urban Planning, 1994, 30: 59-70.

[20] Lange E. Integration of computerized visual simulation and visual assessment in environmental planning [J]. Landscape and Urban Planning, 1994, 30: 99-112.

[21] Saito K. A studies for development and application of a landscape information processing system [J]. Journal of The Japanese Institute of Landscape Architecture, 1997, 60 (4): 349-354.

[22] Harrison C, Limb M, Burgess J. Recreation 2000: views of country from the city [J]. Landscape Research, 1986, 11 (2): 19-24.

[23] Cosgrove D. Landscape studies in geography and cognate field of the humanities and social science [J]. landscape research, 1990, 15 (3): 1-6.

[24] Bockstael N E, Strand I E, Hanemann W H. Time and the recreation demand model [J]. American journal of Agricultural Economics, 1987, 69: 293-302.

[25] Rakesh Paliwal, Gejo Anna Geevarghese, Ram Babu P, et al. Valuation of landmass degradation using fuzzy hedonic method: a case study of national capital region [J]. Environment and resource Econimics, 1999, 14: 519-543.

[26] Kotchen M J, Reiling S D. Environmental attitudes, motivations, and contingent valuation of nonuse values: a case study involving endanger species [J]. Ecological Economics, 2000, 32: 93-107.

[27] Frederick Fraz ier Nash, Wildermess and American Mind, New Haven: Yale Un iversity Press, 4th edition, 2001, pp. 144-145.

[28] Thomas R. Vale, The American Wilderness: Reflections on Nature Protection in the United States, Charlottesville: University of Virgin ia Press, 2005, p. 90.

[29] United States National Park Service. Policy related laws [EB/OL]. (2016-03) [2017-07- 15] https: / /www. nps. gov/applications/ npspolicy/getlaws. cfm.

[30] United States National Park Service. Regulations [EB/OL]. (2016-05) [2017-

08-20］. https: / /www. nps. gov/applications/npspolicy/ getregs. cfm.

［31］United States National Park Service. Volunteers - in - parks［EB/ OL］.（2016-05）［2018-01-15］. https: / /www. nps. gov/policy/DOrders/DO_7_2016. htm.

［32］高曾伟，易向阳. 旅游美学（第二版）［M］. 上海交通大学出版社，2008

［33］李晓琴，赵旭阳，覃建雄. 地质公园的建设与发展［J］. 地理与地理信息科学，2003，19（5）：96- 99

［34］王世瑛，朱瑞艳. 旅游美学基础（第二版）［M］. 重庆大学出版社，2007

［35］罗伟，鄢志武. 地质公园旅游成为旅游业发展的重要增长点［N］. 中国旅游报，2011- 12-28

［36］辛建荣. 旅游地学原理［M］. 武汉：中国地质大学出版社，2006

［37］韩庆祥，袁赛男. 探索旅游业可持续发展之路———河南省云台山景区打造旅游精品的探索与实践［N］. 人民日报，2010-11-17

［38］张业明，徐飞飞，霍志涛等. 生态、保护、传承、共生———湖北五峰地质公园总体规划探讨［J］. 规划师，2010，26（12）：84- 87

［39］陈博. 遥感图像融合及应用研究［D］. 中国科学技术大学，2009.

［40］平仲良. 大泽山旅游资源地质成因遥感分析研究［J］. 国土资源遥感，1995，（04）：15-18.

［41］张雪峰. 遥感技术在黑竹沟风景旅游资源调查分类与评价中的应用［J］. 干旱区地理，2006，（06）：909-914.

［42］葛静茹，秦安臣，张启，等. RS在生态旅游资源信息提取中的应用研究［J］. 西北林学院学报，2007，22（3）：193-197.

［43］陈李艮. 航空遥感在旅游资源开发中的应用［J］. 遥感信息，1987，（04）：30-31.

［44］丁家瑞. 遥感在旅游资源调查、评价、开发规划、管理中应用概述［J］. 国土资源遥感，1993，（03）.

［45］张义彬，曲家惠. 遥感技术用于旅游资源调查及研究［J］. 遥感技术与应用，1997，（01）.

［46］李寿深. 风景资源遥感制图的特点以泰山为例［J］. 遥感信息，1990，（04）.

［47］张绍辉，张银魁. 武陵源旅游区的遥感调查［J］. 国土资源遥感，1993，（03）.

[48] 谷上礼. 遥感在旅游资源调查中的应用[J]. 国土资源遥感, 1993, (03).

[49] 平仲良. 大泽山旅游资源地质成因遥感分析研究[J]. 国土资源遥感, 1995, (04).

[50] 倪绍祥, 蒋建军, 查勇, 等. 基于卫星影像解译的华中地区自然景观分类与制图[J]. 长江流域资源与环境, 1995, (04).

[51] 钱作华, 袁遵, 张星亮, 等. 新亚欧大陆桥中国段沿线旅游资源特征[J]. 化工矿产地质, 1996, (04).

[52] 谷上礼. 京九铁路沿线旅游资源及遥感应用前景[J]. 国土资源遥感, 1997, (02).

[53] 方洪宾, 周彦儒. 遥感技术在海南岛环境与资源调查中的应用[J]. 国土资源遥感, 1998, (03).

[54] 李江风, 刘吉平, 汪华斌. 基于遥感技术的地质地貌旅游资源调查与研究——以清江流域为例[J]. 地质科技情报, 1999, (02).

[55] 吴玉民, 陈殿义. 遥感图像在白头山火山锥及望天鹅和南胞台山破火山口研究中的应用[J]. 地质评论, 1999, (08).

[56] 骆华松. 遥感技术、数字地球与旅游资源评价及开发利用[J]. 云南师范大学学报(自然科学版), 2000, (06).

[57] 杨传明. 广西旅游资源遥感调查的影像特征作用及意义[J]. 广西地质, 2002, (04).

[58] 曾群. 遥感技术在旅游规划中的应用[J]. 华中师范大学学报(自然科学版), 2004, (01).

[59] 张洁, 张晶. RS和GIS在旅游资源调查研究中的应用[J]. 首都师范大学学报(自然科学版), 2006, (06).

[60] 张瑞英. 遥感技术在黑竹沟风景旅游资源调查分类与评价中的应用[J]. 干旱区地理, 2006, (06).

[61] 张雪峰. 遥感技术在黑竹沟风景旅游区资源调查与评价中的应用[D]. 成都理工大学, 2006.

[62] 张雪峰. 芦山县旅游资源调查评价及开发模式研究[D]. 成都理工大学, 2006.

［63］范继跃, 何政伟, 赵银兵, 孙传敏. 龙门山南段（芦山段）旅游资源遥感调查与评价［J］. 测绘科学, 2007,（03）.

［64］李文杰, 银山. 基于遥感技术的内蒙古自然旅游资源开发研究［J］. 内蒙古师范大学学报（自然科学汉文版）, 2007,（02）.

［65］刘林清, 郭福生, 曾晓华. 丹霞地貌景观调查的遥感技术应用研究［J］. 东华理工学院学报, 2007,（03）.

［66］胡鹏. 旅游地质景观特征的GIS空间数据分析与评价［D］. 昆明理工大学, 2006.

［67］黄宝华, 郭福生, 姜勇彪, 等. 广丰盆地丹霞地貌遥感影像特征［J］. 山地学报, 2010,（04）.

［68］姜勇彪. 江西信江盆地丹霞地貌研究［D］. 成都理工大学, 2010.

［69］姜勇彪, 郭福生, 胡中华, 刘林清, 吴志春. 信江盆地丹霞地貌特征及其景观类型［J］. 山地学报, 2010,（04）.

［70］刘政鑫. 大庆市旅游资源评价与开发策略研究［D］. 大庆石油学院, 2010.

［71］钟珺, 文华翎. 特殊气候旅游资源的深度开发探析［J］. 河北旅游职业学院学报, 2009（03）: 16-19.

［72］李雪艳. 喀纳斯旅游资源评价及可持续发展研究［D］. 新疆农业大学, 2009.

［73］梁修存, 丁登山. 国外旅游资源评价研究进展［J］. 自然资源学报, 2002,（02）: 253-260.

［74］刑道隆, 王玫. 关于旅游资源评价的几个基本问题［J］. 旅游学刊, 1987, 2（3）: 34-39.

［75］傅文伟, 等. 旅游资源综合评价模型及指标的研究［Z］. 浙江省哲学社会科学"七五"规划重点课题, 杭州大学.

［76］刘思敏. "奇石画布"旅游资源评价体系研究［J］. 旅游学刊, 2005,（04）.

［77］黄远水. 简议我国旅游资源分类与评价方案［J］. 旅游学刊, 2006,（02）.

［78］杨汉奎. 论风景资源的模糊评价: 以贵州为例［J］. 自然资源学报, 1987,（1）: 45-48.

［79］刘继韩. 秦皇岛市旅游生理气候评价［J］. 地理学与国土研究, 1989, 1（5）: 35-39.

[80]张帆. 古运河旅游现状研究及其开发的宏观性思考[D]. 华东师范大学硕士论文, 1998.

[81]陈安泽, 姜建军. 旅游地学与地质公园建设[M]. 中国林业出版社, 2015

[82]崔越. 基于UML的旅游资源评价决策支持系统的建模和开发[J]. 计算机工程与应用, 2002, (15).

[83]郭剑英, 王乃昂. 敦煌旅游资源非使用价值评估[J]. 资源科学, 2005, 27(5): 187-192.

[84]蒋芳华, 甘巧林. 基于AHP的旅游资源评价与开发构想研究——以河源市新回龙镇为例[J]. 资源与产业, 2007, (05).

[85]石长波, 王玉. 基于AHM改进模型的黑龙江山地旅游资源评价与开发战略设计[J]. 旅游学刊, 2009, (02).

[86]郝俊卿, 吴成基, 陶盈科. 地质遗迹资源的保护与利用评价——以洛川黄土地质遗迹为例[J]. 山地学报, 2004, 22(1): 7-11.

[87]席岳婷, 魏峰群. 地质旅游资源保护与开发多元模式研究——以陕西黄河蛇曲地貌景观为例[J]. 西北大学学报(自然科学版), 2006, 36(4): 643-647.

[88]蒋芩, 李嘉, 朱创业. 四川筠连泉类岩溶地质公园资源评价及开发研究[J]. 资源与人居环境, 2007, (11): 21-23.

[89]王晓艳. 基于灰色多层次理论的地质公园地质遗迹评价体系及实证研究[D]. 广西师范大学硕士学位论文, 2008.

[90]关泽群, 刘继林. 遥感图像解译[M]. 武汉: 武汉大学出版社, 2006.

[91]潘天录. 遥感技术在第四纪地质研究中的应用[J]. 四川地质学报, 2011, 31(4): 481-484.

[92]关泽群, 刘继林. 遥感图像解译[M]. 武汉: 武汉大学出版社, 2006.

[93]潘天录. 遥感技术在第四纪地质研究中的应用[J]. 四川地质学报, 2011, 31(4): 481-484.

[94]孙帆, 徐胜旺, 马生丽, 等. 典型喀斯特地区季节性石漠化与生态环境建设[J]. 西南农业大学学报(社会科学版), 2011, 9(5): 1-6.

[95]王文华, 熊元, 孙锐锋, 等. 香根草在贵州喀斯特山区的研究与应用[J]. 安徽农业科学, 2008, 36(22): 9468-9469.

[96]李志林, 朱庆. 数字高程模型[M]. 武汉: 武汉测绘科技大学出版社, 2000.

[97]周启鸣, 刘学军. 数字地形分析[M]. 北京: 科学出版社, 2006.

[98]梁立恒. 基于空间形态的模糊数据集数字地貌研究[D]. 吉林大学博士学位论文, 2011.

[99]曹海春. 数字高程模型在流域信息提取中的应用[J]. 山东煤炭科技, 2011（2）: 108-111.

[100]杨振. 基于RS和GIS的张家界砂岩地貌形成过程研究[D]. 中国地质大学（北京）硕士学位论文, 2011.

[101]刘栋梁, 李海兵, 潘家伟, 等. 帕米尔东北缘-西昆仑的构造地貌及其构造意义[J]. 岩石学报, 201127（11）: 3500-3512.

[102]朱圣军. ASTER GDEM数据精度分析及其在石油勘探中的应用[J]. 物探装备, 2011, 21（2）: 54-59.

[103]王增银, 沈继方, 徐瑞春, 等. 鄂西清江流域岩溶地貌特征及演化[J]. 地球科学-中国地质大学学报, 1995, 20（4）: 439-444.

[104]王增银, 万军伟, 姚长宏. 清江流域溶洞发育特征[J]. 中国岩溶, 1999, 18（2）: 151-157.

[105]鄢志武, 韩道山. 湖北恩施腾龙洞大峡谷国家地质公园综合考察报告[R]. 中国地质大学（武汉）, 2011.

[106]郭毓峰. 基于德尔菲法的我国石油安全度评价[J]. 商场现代化, 2009,（2）: 386-387.

[107]薛重生, 张志, 董玉森, 陈于. 地学遥感概论[M]. 中国地质大学出版社, 2011.

[108]王晓艳. 基于灰色多层次理论的地质公园地质遗迹评价体系及实证研究[D]. 广西师范大学硕士学位论文, 2008.

[109]方世明, 李江风. 地质公园概论[M]. 中国地质大学出版社, 2012.

[110]闫顺. 亚洲大陆地理中心旅游资源与开发[M]. 乌鲁木齐: 新疆美术摄影出版社, 1994.

[111]徐建华. 现代地理学中的数学方法[M]. 高等教育出版社, 2002.

[112]唐芳林. 国家公园理论与实践[M]. 中国林业出版社, 2017.

[113] 陈安泽. 中国国家地质公园建设的若干问题 [J]. 资源与产业, 2003, 5 (1): 58-64.

[114] 鄢志武, 杨茜. 我国地质公园电子商务发展现状及对策探讨 [J]. 商场现代化, 2008 (2): 189-190.

[115] 许涛, 田明中. 我国国家地质公园旅游系统研究进展与趋势 [J]. 旅游学刊, 2010, 25 (11): 84-92.

[116] 方世明, 李江风. 香港典型地质遗迹资源与地质公园建设 [J]. 中国人口. 资源与环境, 2011, 21 (3): 147-150.

[117] 陈苹苹. 美国国家公园的经验及其启示 [J]. 合肥学院学报 (自然科学版), 2004, 14 (2): 55-58.

[118] 陈飞. 美国国家公园规划与管理对中国风景名胜区的启示 [J]. 现代商贸工业, 2009, (10): 58-59.

[119] 谢洪忠, 刘洪江. 美国国家公园地质旅游特色及借鉴意义 [J]. 中国岩溶, 2003, 22 (1): 73-76.

[120] 彭绍春. 中国风景名胜区和美国国家公园开发与保护比较 [J]. 安徽广播电视大学学报, 2009 (2): 40-43.

[121] 孙燕. 美国国家公园解说的兴起及启示 [J]. 中国园林, 2012 (6): 110-112.

[122] 彭华, 张娟, 周婷婷. 丹霞地貌旅游区科普旅游开发探讨 [C]. 全国第19届旅游地学年会暨韶关市旅游发展战略研讨会论文集, 2005.

[123] 林明太. 基于可持续发展的地质公园管理运营模式研究 [D]. 陕西师范大学硕士学位论文, 2006.

[124] 杨廷锋. 喀斯特地质科普旅游开发的研究 [J]. 地质灾害与环境保护, 2009, 20 (2): 140-144.

[125] 董晓英. 基于游客感知的陕西秦岭终南山世界地质公园翠华山园区科普旅游开发研究 [D]. 长安大学硕士学位论文, 2010.

[126] 陈锐凯, 钟学斌, 孙志国. 咸宁岩溶资源科普旅游开发研究 [J]. 江西农业学报, 2010, 22 (12): 204-206.

[127] 于雪剑, 杨晓霞, 程永玲. 我国国家地质公园科普旅游开发模式研究 [J]. 西南农业大学学报 (社会科学版), 2012, 10 (7): 1-5.

[128] 施广伟. 基于模糊数学和Dijkstra算法的地质公园地质科普旅游线路设计 [D]. 长安大学硕士学位论文, 2010.

[129] 钱洛阳. 地质公园解说系统构建研究——以崇明岛国家地质公园为例 [D]. 上海师范大学硕士学位论文, 2009.

[130] 王艳. 地质公园旅游解说系统构建研究 [D]. 广西师范大学硕士学位论文, 2010.

[131] 武媚. 面向游客的地质公园旅游解说服务质量评价研究 [D]. 广西师范大学硕士学位论文, 2012.

[132] 屈天鸣. 地质公园博物馆建筑设计相关问题研究 [D]. 华中科技大学硕士学位论文, 2011.

[133] 梅耀元, 周敖日格勒. 地质公园解说系统建设存在的问题及对策初探 [J]. 科技创新导报, 2011, (12). 227-228.

[134] 雷艾伦比林顿:《向西部扩张 美国边疆史》(下册), 韩维纯译, 北京: 商务印书馆1991年版, 374.

[135] 陈飞. 美国国家公园规划与管理对中国风景名胜区的启示: 以兰格尔 — 圣伊莱亚斯国家公园暨保护区为例 [J]. 现代商贸工业, 2009 (10): 58-59.

[136] 李如生. 美国国家公园管理体制 [M]. 北京: 中国建筑工业出版社, 2005: 1-10.

[137] 孟宪民. 美国国家公园体系的管理经验: 兼谈对中国风景名胜区的启示 [J]. 世界林业研究, 2007, 20 (1): 75-79.

[138] 余俊, 解小冬. 从美国国家公园制度看我国自然保护区立法目的定位 [J]. 生态经济, 2011 (3): 172-175.

[139] 王小慧, 彭赟. 美国国家公园与我国风景名胜区制度的比较 [J]. 华商, 2009 (20): 68, 7.

[140] 杨锐. 美国国家公园的立法和执法 [J]. 中国园林, 2009, 19 (5): 63-66

[141] 王佳. 美国国家公园立法体系分析 [J]. 经济研究导刊, 2015 (17): 296-297.

[142] 张振威, 杨锐. 美国国家公园管理规划的公众参与制度 [J]. 中国园林, 2015 (2): 23 —27.

[143] 王辉, 张佳琛, 刘小宇, 等. 美国国家公园的解说与教育服务研究: 以西奥

多·罗斯福国家公园为例[J].旅游学刊,2016,31(5):119-126.

[144]张静雅,李卅,张玉钧.美国国家公园环境解说规划管理及启示[J].建筑与文化,2016(3):170-173.

[145]孙燕.美国国家公园环境解说的兴起及启示[J].中国园林,2012,28(6):110-112.

[146]张佳琛.美国国家公园的解说与教育服务研究[M].辽宁大连:辽宁师范大学,2017.

[147]郭娜,蔡君.美国国家公园合作志愿者计划管理探讨[J].北京林业大学学报(社会科学版),2017,16(4):170-173.

[148]周密.美国国家公园制度及对我国发展优质旅游的启示[C].中国旅游科学年会,北京,2018.

[149]冯浩.中国国家地质公园特征及现状分析[D].中国地质大学(北京),2017.

[150]蓝颖春.香港世界地质公园由来[J].地球,2012(07):19-20.

[151]伍世良,方世明,李江风.浅论香港世界地质公园可持续发展之策略[J].应用生态学报,2012,23(04):917-922.

[152]香港国家地质公园[J].国土资源情报,2014(05):57.

[153]李兰丽.香港世界地质公园 忆在沧海桑田时[J].旅游纵览,2013(01):22-24.

[154]武法东,田明中,张建平,王璐琳.中国香港国家地质公园的资源类型与建设特色[J].地球学报,2011,32(06):761-768.

[155]陈安泽.中国国家地质公园建设的若干问题[J].资源与产业,2003,5(1):58-64.

[156]辛建荣.旅游地学原理[M].武汉:中国地质大学出版社,2006.

[157]陈苹苹.美国国家公园的经验及其启示[J].合肥学院学报(自然科学版),2004,14(2):55-58.

[158]孙燕.美国国家公园解说的兴起及启示[J].中国园林,2004(6):110-112.

[159]郭清霞,鲁娟.鄂西生态文化旅游圈生态竞争力分析[J].经济地理,2012,32(1):168-170.

[160]卜永喜.湖北省地质旅游资源开发现状及前景[J].资源环境与工程,2007,

21（S1）：129-130.

[161]卜永喜. 湖北地质公园建设存在的问题及建议［J］.湖北地矿, 2003, 17（3）：47-49.

[162]鄢志武,卜永喜. 中国国家地质公园建设与管理对策研究［J］. 科技进步与对策, 2005（9）：52-53.

[163]罗伟,李长安. 关于打造鄂西"三江三山"旅游发展格局的构想［N］. 中国旅游报, 2011-01-21.

[164]谢小康. "冰臼"与地质遗迹旅游开发问题的讨论［J］. 热带地理, 2007, 27（1）：92-96.

[165]陈安泽. 开拓创新旅游地学20年——为纪念旅游地学研究会20周年而作［J］.旅游学刊, 2006, 21（4）：77-83.

[166]罗伟,刘保丽,鄢志武. 地质公园建设对我国旅游景区可持续发展的启示［J］.产业与科技论坛, 2013, 12（13）：21-22.

[167]罗伟,鄢志武,喊道山,等. 房县青峰山省级地质公园综合考察报告［R］. 中国地质大学（武汉）, 2012.

[168]谢小康. "冰臼"与地质遗迹旅游开发问题的讨论［J］. 热带地理, 2007, 27（1）：92-96.

[169]陈安泽. 开拓创新旅游地学20年——为纪念旅游地学研究会20周年而作［J］.旅游学刊, 2006, 21（4）：77-83.

[170]龚明吴,蔺琛,张洪茂,等. 湖北十八里长峡自然保护区科学考察与研究［M］.北京：北京出版社, 2011.